新起点电脑教程

Flash CS6 中文版动画制作基础教程

文杰书院　编著

清華大學出版社
北京

内 容 简 介

Adobe Flash CS6 是用于创建动画和多媒体内容强大的创作工具软件，是动画设计与应用程序开发必备的工具之一。本书作为"新起点电脑教程"系列丛书的一个分册，以通俗易懂的语言、精挑细选的实用技巧、翔实生动的操作案例，全面介绍了使用 Flash CS6 软件绘图工具编辑图形、创建与编辑文本对象、操作与编辑对象、应用元件、实例和库、外部图片、视频和声音的应用、时间轴和帧、滤镜与混合模式的应用、图层与高级动画制作、骨骼的运动与 3D 动画的应用、用 ActionScript 创建交互式动画、用 ActionScript 组件快速创建动画和 Flash 动画的测试与发布等方面的知识与操作。

本书配套一张多媒体全景教学光盘，收录了书中全部知识点的视频教学课程，同时还赠送了 4 套相关视频教学课程，以及多本电子图书和相关行业规范知识。超低的学习门槛和超大光盘内容含量，可以帮助读者循序渐进地学习和提高。

本书面向初中级用户，适合无基础又想快速掌握 Adobe Flash CS6 的读者，可作为 Flash CS6 自学人员的参考书，还可作为高等院校专业课教材和社会培训机构教材。

图书在版编目(CIP)数据

Flash CS6 中文版动画制作基础教程/文杰书院编著. —北京：清华大学出版社，2014(2019.12 重印)
(新起点电脑教程)
ISBN 978-7-302-33935-9

Ⅰ. ①F⋯　Ⅱ. ①文⋯　Ⅲ. ①动画制作软件—教材　Ⅳ. ①TP391.41

中国版本图书馆 CIP 数据核字(2013)第 220362 号

责任编辑：魏　莹
封面设计：杨玉兰
责任校对：李玉萍
责任印制：刘祎淼
出版发行：清华大学出版社
　　　　　网　　址：http://www.tup.com.cn, http://www.wqbook.com
　　　　　地　　址：北京清华大学学研大厦 A 座　　　邮　　编：100084
　　　　　社 总 机：010-62770175　　　　　　　　　邮　　购：010-62786544
　　　　　投稿与读者服务：010-62776969, c-service@tup.tsinghua.edu.cn
　　　　　质量反馈：010-62772015, zhiliang@tup.tsinghua.edu.cn
　　　　　课件下载：http://www.tup.com.cn, 010-62791865
印 装 者：涿州市京南印刷厂
经　　销：全国新华书店
开　　本：185mm×260mm　　印　　张：19　　字　　数：456 千字
　　　　　(附 DVD 1 张)
版　　次：2014 年 1 月第 1 版　　　　　　印　　次：2019 年 12 月第 5 次印刷
定　　价：39.00 元

产品编号：051103-01

致 读 者

"全新的阅读与学习模式 + 多媒体全景拓展教学光盘 + 全程学习与工作指导"三位一体的互动教学模式，是我们为您量身定做的一套完美的学习方案，为您奉上的丰盛的学习盛宴！

创造一个多媒体全景学习模式，是我们一直以来的心愿，也是我们不懈追求的动力，愿我们奉献的图书和光盘可以成为您步入神奇电脑世界的钥匙，并祝您在最短时间内能够学有所成、学以致用。

全新改版与升级行动

"新起点电脑教程"系列图书自 2011 年年初出版以来，其中的每个分册多次加印，创造了培训与自学类图书销售高峰，赢得来自国内各高校和培训机构，以及各行各业读者的一致好评，读者技术与交流 QQ 群已经累计达到几千人。

本次图书再度改版与升级，在汲取了之前产品的成功经验，摒弃原有的问题，针对读者反馈信息中常见的需求，我们精心设计改版并升级了主要产品，以此弥补不足，热切希望通过我们的努力不断满足读者的需求，不断提高我们的服务水平，进而达到与读者共同学习，共同提高的目的。

全新的阅读与学习模式

如果您是一位初学者，当您从书架上取下并翻开本书时，将获得一个从一名初学者快速晋级为电脑高手的学习机会，并将体验到前所未有的互动学习的感受。

我们秉承"打造最优秀的图书、制作最优秀的电脑学习软件、提供最完善的学习与工作指导"的原则，在本系列图书编写过程中，聘请电脑操作与教学经验丰富的老师和来自工作一线的技术骨干倾力合作编著，为您系统化地学习和掌握相关知识与技术奠定扎实的基础。

轻松快乐的学习模式

在图书的内容与知识点设计方面，我们更加注重学习习惯和实际学习感受，设计了更加贴近读者学习的教学模式，采用"基础知识讲解+实际工作应用+上机指导练习+课后小结与练习"的教学模式，帮助读者从初步了解与掌握到实际应用，循序渐进地成为电脑应用高手与行业精英。"为您构建和谐、愉快、宽松、快乐的学习环境，是我们的目标！"

赏心悦目的视觉享受

为了更加便于读者学习和阅读本书，我们聘请专业的图书排版与设计师，根据读者的阅读习惯，精心设计了赏心悦目的版式，全书图案精美、布局美观，读者可以轻松完成整个学习过程。"使阅读和学习成为一种乐趣，是我们的追求！"

更加人文化、职业化的知识结构

作为一套专门为初、中级读者策划编著的系列丛书，在图书内容安排方面，我们尽量摒弃枯燥无味的基础理论，精选了更适合实际生活与工作的知识点，帮助读者快速学习，快速提高，从而达到学以致用的目的。

- ◎ 内容起点低，操作上手快，讲解言简意赅，读者不需要复杂的思考，即可快速掌握所学的知识与内容。
- ◎ 图书内容结构清晰，知识点分布由浅入深，符合读者循序渐进与逐步提高的学习习惯，从而使学习达到事半功倍的效果。
- ◎ 对于需要实践操作的内容，全部采用分步骤、分要点的讲解方式，图文并茂，使读者不但可以动手操作，还可以在大量的实践案例练习中，不断提高操作技能和经验。

精心设计的教学体例

在全书知识点逐步深入的基础上，根据知识点及各个知识板块的衔接，我们科学地划分章节，在每个章节中，采用了更加合理的教学体例，帮助读者充分了解和掌握所学知识。

- ◎ 本章要点：在每章的章首页，我们以言简意赅的语言，清晰地表述了本章即将介绍的知识点，读者可以有目的地学习与掌握相关知识。
- ◎ 知识精讲：对于软件功能和实际操作应用比较复杂的知识，或者难以理解的内容，进行更为详尽的讲解，帮助您拓展、提高与掌握更多的技巧。
- ◎ 考考您：学会了吗？让我们来考考您吧，这对于您有效充分地掌握知识点具有总结和提高的作用。
- ◎ 实践案例与上机指导：读者通过阅读和学习此部分内容，可以边动手操作，边阅读书中所介绍的实例，一步一步地快速掌握和巩固所学知识。
- ◎ 思考与练习：通过此栏目内容，不但可以温习所学知识，还可以通过练习，达到巩固基础、提高操作能力的目的。

■ 多媒体全景拓展教学光盘

本套丛书首创的多媒体全景拓展教学光盘，旨在帮助读者完成"从入门到提高，从实践操作到职业化应用”的一站式学习与辅导过程。

配套光盘共分为“基础入门”、“知识拓展”、“快速提高”和“职业化应用”4 个模块，每个模块都注重知识点的分配与规划，使光盘功能更加完善。

基础入门

在基础入门模块中，为读者提供了本书重要知识点的多媒体视频教学全程录像，同时还提供了与本书相关的配套学习资料与素材。

知识拓展

在知识拓展模块中，为读者免费赠送了与本书相关的 4 套多媒体视频教学录像，读者在学习本书视频教学内容的同时，还可以学到更多的相关知识，读者相当于买了一本书，获得了 5 本书的知识与信息量！

快速提高

在快速提高模块中，为读者提供了各类电脑应用技巧的电子图书，读者可以快速掌握常见软件的使用技巧、故障排除方法，达到快速提高的目的。

职业化应用

在职业化应用模块中，为读者免费提供了相关领域和行业的办公软件模板或者相关素材，给读者一个广阔的就业与应用空间。

图书产品与读者对象

“新起点电脑教程”系列丛书涵盖电脑应用各个领域，为各类初、中级读者提供了全面的学习与交流平台，帮助读者轻松实现对电脑技能的了解、掌握和提高。本系列图书具体书目如下。

分 类	图 书	读者对象
电脑操作基础入门	电脑入门基础教程(Windows 7+Office 2010 版)(修订版)	适合刚刚接触电脑的初级读者，以及对电脑有一定的认识、需要进一步掌握电脑常用技能的电脑爱好者和工作人员，也可作为大中专院校、各类电脑培训班的教材
	五笔打字与排版基础教程(2012 版)	
	Office 2010 电脑办公基础教程	
	Excel 2010 电子表格处理基础教程	
	计算机组装·维护与故障排除基础教程(修订版)	
	电脑入门与应用(Windows 8+Office 2013 版)	

续表

分 类	图 书	读者对象
电脑基本操作与应用	电脑维护·优化·安全设置与病毒防范	适合电脑的初、中级读者，以及对电脑有一定基础、需要进一步学习电脑办公技能的电脑爱好者与工作人员，也可作为大中专院校、各类电脑培训班的教材
	电脑系统安装·维护·备份与还原	
	PowerPoint 2010 幻灯片设计与制作	
	Excel 2010 公式·函数·图表与数据分析	
	电脑办公与高效应用	
图形图像与设计	Photoshop CS6 中文版图像处理	适合对电脑基础操作比较熟练，在图形图像及设计类软件方面需要进一步提高的读者，适合图像编辑爱好者、准备从事图形设计类的工作人员，也可作为大中专院校、各类电脑培训班的教材
	会声会影 X5 影片编辑与后期制作基础教程	
	AutoCAD 2013 中文版入门与应用	
	CorelDRAW X6 中文版平面创意与设计	
	Flash CS6 中文版动画制作基础教程	
	Dreamweaver CS6 网页设计与制作基础教程	
	Creo 2.0 中文版辅助设计入门与应用	
	Illustrator CS6 中文版平面设计与制作基础教程	
	UG NX 8.5 中文版基础教程	

■ 全程学习与工作指导

为了帮助您顺利学习、高效就业，如果您在学习与工作中遇到疑难问题，欢迎来信与我们及时交流与沟通，我们将全程免费答疑。希望我们的工作能够让您更加满意，希望我们的指导能够为您带来更大的收获，希望我们可以成为志同道合的朋友！

您可以通过以下方式与我们取得联系：

QQ 号码：18523650

读者服务 QQ 群号：185118229 和 128780298

电子邮箱：itmingjian@163.com

文杰书院网站：www.itbook.net.cn

最后，感谢您对本系列图书的支持，我们将再接再厉，努力为读者奉献更加优秀的图书。衷心地祝愿您能早日成为电脑高手！

编　者

前　言

　　Flash CS6 是 Adobe 公司推出的一款全新的矢量动画制作和多媒体设计软件,广泛地应用于网站广告、游戏设计、MTV 制作、电子贺卡、多媒体课件等领域。Flash CS6 可以帮助用户制作出各种类型高品质的动画,因此深受广大用户的支持与喜爱。

　　为帮助读者快速掌握与应用 Flash CS6 软件的要领,以便在日常工作中学以致用,编者精心地编写了本书。

　　本书为读者快速地掌握 Flash CS6 提供了一个崭新的学习与实践平台,无论从基础知识安排还是实践应用能力的训练,都充分考虑了读者的需求,快速达到理论知识与应用能力的同步提高。

　　本书在编写过程中根据读者的学习习惯,采用由浅入深、由易到难的讲解方式,读者还可以通过随书赠送的多媒体视频教学来轻松学习。全书结构清晰,内容丰富,主要内容包括以下四大方面的内容。

　　1. 基础知识入门与基本操作的应用

　　本书第 1~4 章,分别介绍了关于 Flash CS6 中文版的基础入门、使用绘图工具编辑图形、创建与编辑文本对象、操作与编辑对象等具体的操作方法。

　　2. 高级动画制作

　　本书第 5~10 章,分别介绍了应用元件、实例和库、外部图片、视频和声音的应用、时间轴和帧、滤镜与混合模式的应用、图层与高级动画制作、骨骼的运动与 3D 动画的应用方面的知识与技巧。

　　3. ActionScript 程序设计与交互动画

　　本书第 11~14 章,分别介绍了用 ActionScript 创建交互式动画、采用 ActionScript 组件快速创建动画和 Flash 动画的测试与发布等方面的知识与操作。

　　本书由文杰书院组织编写,参与本书编写工作的有李军、袁帅、许媛媛、王超、刘蕾、徐伟、罗子超、李强、蔺丹、高桂华、李统财、安国英、蔺寿江、刘义、贾亚军、蔺影、李伟、田园、高金环、周军等。

　　我们真切地希望读者在阅读本书之后,可以开阔视野,增长实践操作技能,并从中学习和总结操作的经验和规律,达到灵活运用的水平。鉴于编者水平有限,书中纰漏和考虑不周之处在所难免,热忱欢迎读者予以批评、指正,以便我们日后能为您编写出更好的图书。

　　如果您在使用本书时遇到问题,可以访问网站 http://www.itbook.net.cn 或发邮件至itmingjian@163.com 与我们进行交流和沟通。

编　者

目 录

第 1 章

Flash CS6 中文版基础入门

本章要点

- 初步认识 Flash
- Flash CS6 工作界面
- Flash CS6 的系统配置
- Flash 文件的基本操作

本章主要内容

本章主要介绍了初识 Flash 和 Flash CS6 工作界面方面的知识,同时还讲解了 Flash CS6 的系统配置和 Flash 文件基本操作方面的知识,在本章的最后还针对实际的工作需求,讲解了使用辅助线和网格的方法。通过本章的学习,读者可以掌握 Flash CS6 中文版基础入门方面的知识,为深入学习 Flash CS6 知识奠定基础。

1.1 初步认识 Flash CS6

Flash CS6 可以创建网页广告、网站动画标志，具有同步声音的动画等功能，应用的领域非常广泛。本节将概述 Flash CS6 的相关知识。

1.1.1 Flash 概述

Flash 是一款优秀的矢量动画编辑软件，Flash CS6 是其最新的版本，利用该软件制作的动画尺寸要比位图动画文件(如 GLF 动画)尺寸小得多，用户不但可以在动画中加入声音、视频和位图图像，还可以制作交互式的影片或者具有完备功能的网站。

Flash 是一种创作工具，设计人员和开发人员可用来创建演示文稿、应用程序和其他允许用户交互的内容，包含简单的动画、视频内容、复杂演示文稿和应用程序以及介于它们之间的任何内容。一般而言，使用 Flash 创作的各个内容单元称为应用程序，即使只是很简单的动画，也可以通过添加图片、声音、视频和特殊效果，构建包含丰富媒体的 Flash 应用程序。Flash 的启动界面如图 1-1 所示。

图 1-1

1.1.2 Flash 的应用领域

目前，Flash 被广泛应用于网页设计、网页广告、网络动画、多媒体教学软件、游戏设计、企业介绍、产品展示和电子相册等领域。下面详细介绍 Flash 应用领域方面的知识。

1. Flash 导航

有时候为达到一定的视觉冲击力，很多企业网站往往在进入主页之前播放一段使用 Flash 制作的引导页。此外，很多网站的 Logo(网站的标志)和 Banner(网页横幅广告)都采用 Flash 动画作为企业的宣传。当需要制作一些交互功能较强的网站时，可以使用 Flash 制作整个网站，互动性更强，如图 1-2 所示。

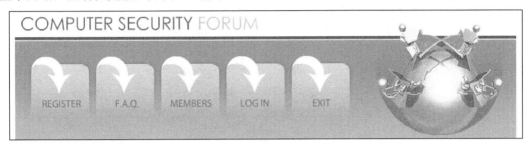

图 1-2

2. Flash MV 和二维动画

在网络世界中，许多网友都喜欢把自己制作的 Flash 音乐 MV 或 Flash 二维动画传输到网上供其他网友欣赏，实际上正是因为这些网络动画的流行，使得 Flash 在网络中形成了一种独特的文化符号，如图 1-3 所示。

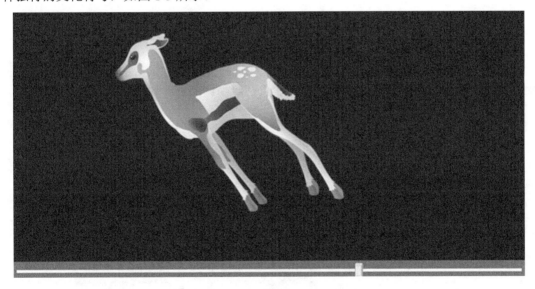

图 1-3

3. 多媒体教学课件

在教学课件中，相对于其他软件制作的课件，Flash 课件具有体积小、表现力强、视觉冲击力强的特点，在制作实验演示或多媒体教学光盘时，Flash 动画被广泛地应用到其中，如图 1-4 所示。

图 1-4

4. 制作 Flash 短片

Flash 短片具有简短、表现力强的特点，有一定的视觉冲击力，用户可以制作一些动感时尚的 Flash 网页广告，吸引潜在客户，并最终达到销售的目的，如图 1-5 所示。

图 1-5

5．制作互动游戏

使用 Flash 的动作脚本功能可以制作一些精美、有趣的在线小游戏，如俄罗斯方块、贪吃蛇游戏、棋牌类游戏等。由于 Flash 游戏具有体积小的优点，在手机游戏中也嵌入 Flash 游戏，如图 1-6 所示。

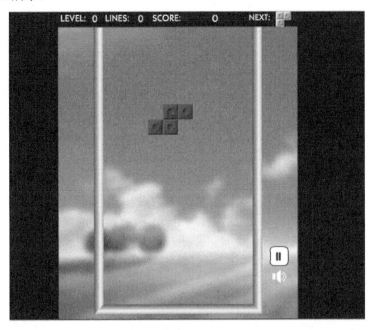

图 1-6

6．电子贺卡

用户还可以通过 Flash CS6 制作出精美的贺卡，通过传递一张贺卡的网页链接，收卡人在收到这个链接地址后，单击就可以打开贺卡图片。贺卡种类很多，可以是静态的，也可以是动态的，还可以带有美妙的音乐，如图 1-7 所示。

图 1-7

1.2 Flash CS6 工作界面

使用 Flash CS6 制作动画，首先要认识 Flash CS6 的工作界面。Flash CS6 的工作界面主要由菜单栏、工具箱、主工具栏、【时间轴】面板、浮动面板和舞台等组成，如图 1-8 所示。

菜单栏
文件(F) 编辑(E) 视图(V) 插入(I) 修改(M) 文本(T) 命令(C) 控制(O) 调试(D) 窗口(W)
浮动面板
舞台
工具箱
【时间轴】面板
主工具栏
未命名-3
属性
库
文档
发布
配置文件: 默认
发布设置...
目标: Flash Player 11.2
脚本: ActionScript 3.0
类:
时间轴
动画编辑器
图层 1
像素

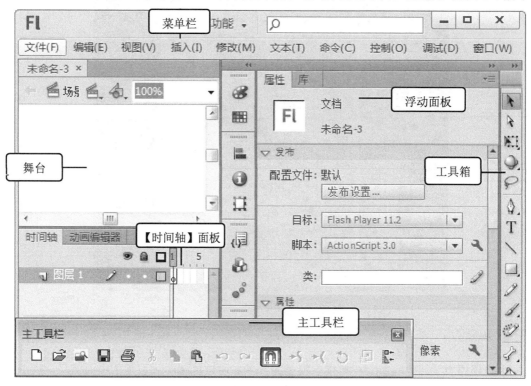

图 1-8

1.2.1 菜单栏

Flash CS6 的菜单栏包括【文件】菜单、【编辑】菜单、【视图】菜单、【插入】菜单、【修改】菜单、【文本】菜单、【命令】菜单、【控制】菜单、【调试】菜单、【窗口】菜单及【帮助】菜单，单击任何菜单项，即可完成相应的命令，如图 1-9 所示。

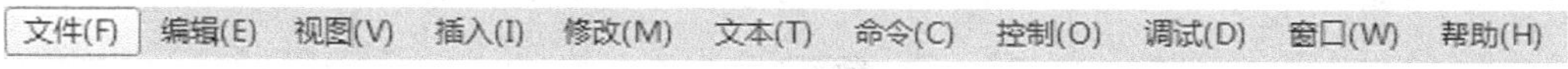

文件(F) 编辑(E) 视图(V) 插入(I) 修改(M) 文本(T) 命令(C) 控制(O) 调试(D) 窗口(W) 帮助(H)

图 1-9

1.2.2 工具箱

工具箱提供了图形绘制和编辑的各种工具，分为“工具”、“查看”、“颜色”、“选项”4 个功能区，如图 1-10 所示。

图 1-10

> ➤ "工具"区：提供选择、创建、编辑图形的工具。
> ➤ "查看"区：改变舞台画面，以便更好地观察。
> ➤ "颜色"区：选择绘制、编辑图形的笔触颜色和填充颜色。
> ➤ "选项"区：不同工具有不同的选项，通过"选项"区可为当前选择的工具进行属性选择。

1.2.3　主工具栏

为了方便地使用，Flash CS6 将一些常用命令以按钮的形式组织在一起，置于操作界面上方的主工具栏中，这些按钮依次为【新建】按钮、【打开】按钮、【转到 Bridge】按钮 、【保存】按钮、【打印】按钮、【剪切】按钮、【复制】按钮、【粘贴】按钮、【撤销】按钮、【重做】按钮、【贴紧至对象】按钮、【平滑】按钮、【伸直】按钮、【旋转与倾斜】按钮、【缩放】按钮以及【对齐】按钮，如图 1-11 所示。

图 1-11

1.2.4　时间轴

时间轴用于组织和控制文件内容在一定时间内播放。按照功能的不同，时间轴窗口分为左右两部分，分别为层控制区、时间线控制区，如图 1-12 所示。

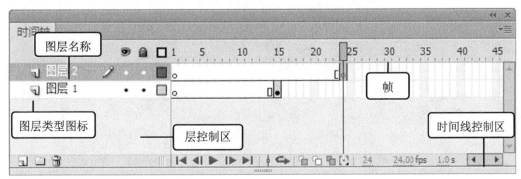

图 1-12

1.2.5 场景和舞台

场景是所有动画元素的最大活动空间，场景也就是常说的舞台，是编辑和播放动画的矩形区域，在舞台上可以放置、编辑向量插图、文本框、按钮、导入的位图图形、视频剪辑等对象，如图 1-13 所示。

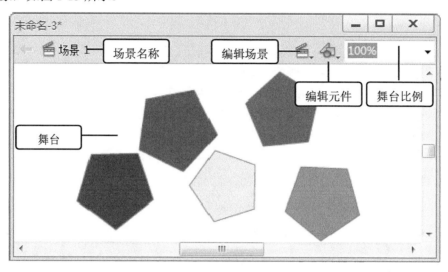

图 1-13

1.2.6 属性面板

使用【属性】面板，可以很容易地查看和更改其属性，从而简化文档的创建过程。当选定单个对象时，如文本、组件、形状、位图、视频、组、帧等，【属性】面板可以显示相应的信息和设置，如图 1-14 所示。

图 1-14

1.2.7　浮动面板

通过浮动面板可以查看、组合和更改资源,但其屏幕的大小有限,为了尽量使工作区最大,从而达到工作的需要,Flash CS6 提供了许多种自定义工作区的方式,如可以通过"窗口"菜单显示、隐藏面板,还可以通过鼠标拖动来调整面板的大小以及重新组合面板,如图 1-15 所示。

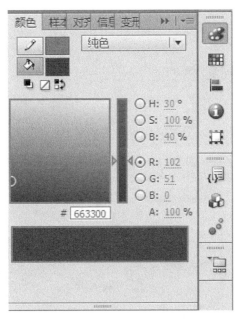

图 1-15

1.3　Flash CS6 的系统配置

在 Flash CS6 中,系统配置包括首选参数面板和设置浮动面板等,本节将详细介绍 Flash CS6 系统配置方面的知识。

1.3.1　首选参数面板

在【首选参数】面板中,用户可以自定义一些常规操作的参数选项。在菜单栏中,选择【编辑】→【首选参数】菜单项,即可打开【首选参数】面板,在【类别】列表框中有【常规】选项卡、ActionScript 选项卡、【自动套用格式】选项卡、【剪贴板】选项卡、【警告】选项卡、【PSD 文件导入器】选项卡、【AI 文件导入器】选项卡和【发布缓存】选项卡等,单击不同的选项卡,即可进入不同的选项界面,选择不同的选项,即可设置【首选参数】对话框,如图 1-16 所示。

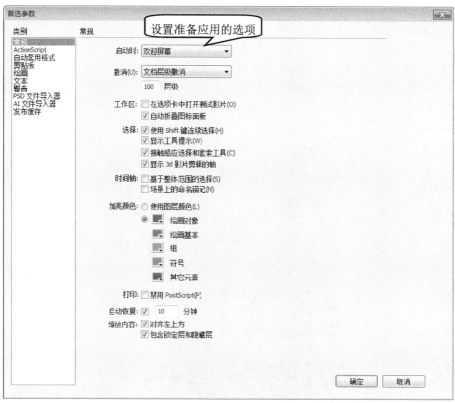

图 1-16

1.3.2 浮动面板

Flash 中的浮动面板用于快速地设置文档中对象的属性，可以应用系统默认的面板布局，也可以根据需要随意地显示或隐藏面板，调整面板的大小，还可以将最方便的面板布局形式保存到系统中，如图 1-17 所示。

图 1-17

1.4　Flash 文件的基本操作

在制作 Flash 动画之前，用户需要进行新建文件、打开文件和保存文件的操作，本节将详细介绍 Flash 文件基本操作方面的知识。

1.4.1　新建文件

使用 Flash CS6 制作动画的过程中，新建文件是其进行设计的第一步。下面详细介绍新建文件的操作方法。

第 1 步　启动 Flash CS6，在菜单栏中，①选择【文件】菜单项；②在弹出的下拉菜单中，选择【新建】菜单项，如图 1-18 所示。

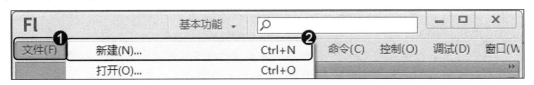

图 1-18

第 2 步　弹出【新建文档】对话框，①选择准备新建的文档；②单击【确定】按钮，如图 1-19 所示。

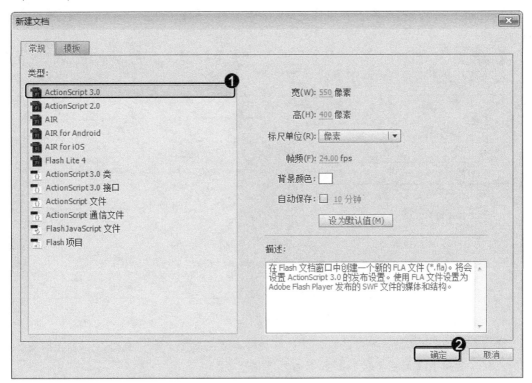

图 1-19

第3步 通过以上方法即可完成新建文件的操作，如图 1-20 所示。

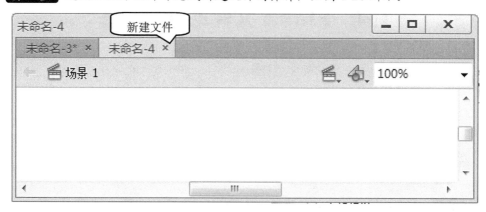

图 1-20

智慧锦囊

在键盘上，按快捷键 Ctrl+N 同样可以弹出【新建文档】对话框，并选择准备创建的文档，单击【确定】按钮即可完成【新建文档】的操作。

1.4.2 打开文件

在 Flash CS6 程序中，用户可以快捷地打开需要再次编辑的文件。下面介绍打开文件的操作方法。

第1步 启动 Flash CS6，在菜单栏中，①选择【文件】菜单项；②在弹出的下拉菜单中，选择【打开】菜单项，如图 1-21 所示。

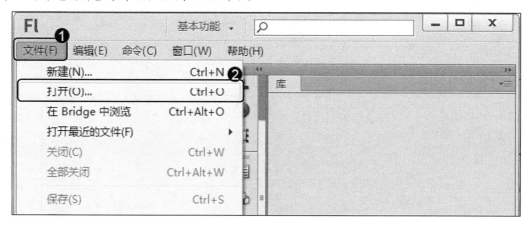

图 1-21

第2步 弹出【打开】对话框，①选择文件存放的路径，如"桌面"；②选择准备打开的文件；③单击【打开】按钮，如图 1-22 所示。

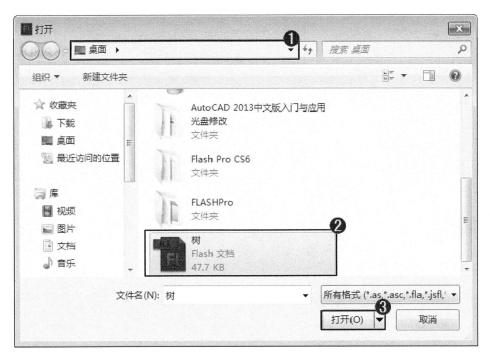

图 1-22

第 3 步 通过以上方法即可完成打开文件的操作，如图 1-23 所示。

图 1-23

1.4.3　保存文件

在编辑和制作完动画以后，就需要将动画文件保存起来。下面详细介绍保存文件的操作方法。

第 1 步 编辑动画后，在菜单栏中，①选择【文件】菜单项；②在弹出的下拉菜单中，选择【保存】菜单项，如图 1-24 所示。

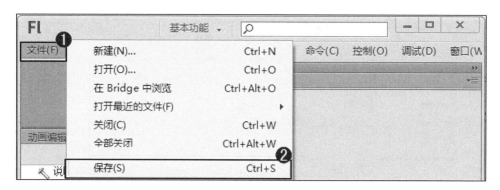

图 1-24

第 2 步 弹出【另存为】对话框，①在【保存在】下拉列表框中，选择准备保存的位置；②在【文件名】下拉列表框中，输入文件名称；③单击【保存】按钮，如图 1-25 所示，这样即可完成保存文件的操作。

图 1-25

智慧锦囊

　　在键盘上，按快捷键 Ctrl+S 同样可以弹出【保存文档】对话框，在弹出的对话框中选择准备保存的位置后，单击【确定】按钮即可完成【保存文档】的操作。

1.5　实践案例与上机指导

　　通过本章的学习，读者基本可以掌握 Flash CS6 中文版基础入门方面的知识，下面通过实践案例操作，达到巩固学习和拓展提高的目的。

1.5.1　使用辅助线

当文档中显示了标尺后，可单击水平标尺或垂直标尺向舞台方向拖动，当释放鼠标左键时，系统在光标所在位置即可创建辅助线。

在菜单栏中，选择【视图】→【辅助线】菜单项，展开的【辅助线】子菜单包括【显示辅助线】、【锁定辅助线】、【编辑辅助线】和【清除辅助线】4 个选项，单击其中任何选项，即可打开相应的命令，如图 1-26 所示。

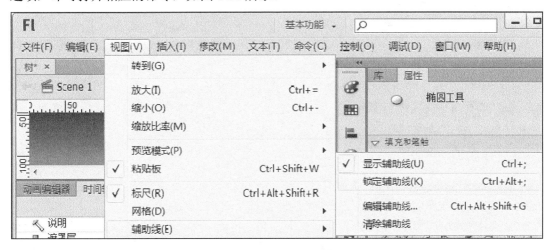

图 1-26

1.5.2　使用网格

Flash CS6 提供了用于定位对象的辅助工具，其中包括网格。可以在 Flash 文档中打开网格，并让对象与网格对齐，下面介绍使用网格的操作方法。

在菜单栏中，选择【视图】→【网格】→【显示网格】菜单项，即可在文档中显示网格，如图 1-27 所示。

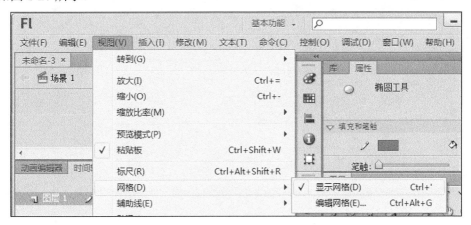

图 1-27

1.6 思考与练习

一、填空题

1. 用户不但可以在动画中加入_____、视频和_____，还可以制作_____的影片或者具有完备功能的网站。

2. 目前 Flash 被广泛应用于网页设计、_____、网络动画、_____、游戏设计、企业介绍、_____和电子相册等领域。

3. 时间轴用于_____和_____文件内容在一定时间内播放，按照功能的不同，时间轴窗口分为两部分，分别为层控制区、_____。

4. Flash 中的浮动面板用于快速地设置文档中对象的_____，可以应用系统默认的面板布局，也可以根据需要随意地显示或_____，调整面板的大小，还可以将最方便的面板布局形式_____到系统中。

二、判断题

1. Flash CS6 提供了许多种自定义工作区的方式，如可以通过"窗口"菜单显示、隐藏面板，还可以通过鼠标拖动来调整面板的大小以及重新组合面板。 （ ）

2. 场景是所有动画元素的最大活动空间，场景也就是常说的舞台，是编辑和播放动画的矩形区域，在舞台上可以放置、编辑向量插图、文本框、按钮、导入的位图图形、视频剪辑等对象。 （ ）

3. 在 Flash CS6 程序中，用户不可以快捷地打开需要再次编辑的文件。 （ ）

4. 使用【属性】面板，用户不可以很容易地查看和更改其属性。 （ ）

三、思考题

1. 主工具栏包括哪些按钮？
2. 如何保存文件？

第 2 章

使用绘图工具编辑图形

本章要点

- Flash 图形基础
- 【工具】面板的组成
- 绘制基本线条与图形
- 填充图形颜色
- 运用辅助绘图工具

本章主要内容

本章主要介绍了 Flash 图形基础、【工具】面板的组成和绘制基本线条与图形方面的知识与技巧，同时还讲解了填充图形颜色和运用辅助绘图工具方面的知识，在本章的最后还针对实际的工作需求，讲解了绘制水晶按钮和绘制卡通圣诞树的方法。通过本章的学习，读者可以掌握使用绘图工具编辑图形方面的知识，为深入学习 Flash CS6 知识奠定基础。

2.1 Flash 图形基础

在使用 Flash CS6 绘制图形之前，用户应首先对 Flash 图形基础方面的知识有所了解，以便更好地绘制图形。本节将重点介绍 Flash 图形基础方面的知识。

2.1.1 对比位图与矢量图

1. 位图

位图也称为点阵图，就是最小单位由像素构成的图，缩放会失真。构成位图的最小单位是像素，位图就是由像素阵列的排列来实现其显示效果的，每个像素有自己的颜色信息，所以处理位图时，应着重考虑分辨率，分辨率越高，位图失真率越小，如图 2-1 所示。

图 2-1

2. 矢量图

矢量图也叫作向量图，是通过多个对象的组合生成的，对其中的每一个对象的记录方式，都是用数学函数来实现的，无论显示画面是大还是小，画面上的对象对应的算法是不变的，所以，即使对画面进行倍数相当大的缩放，其显示效果仍不失真，如图 2-2 所示。

图 2-2

智慧锦囊

矢量图与位图的效果有天壤之别，矢量图无限放大不模糊，大部分位图都是由矢量图导出来的，可以说矢量图就是位图的源码，源码是可编辑的。

2.1.2 导入外部图像

在 Flash CS6 中，用户可以快速导入外部图像作为编辑的素材。下面详细介绍导入外部图像的操作方法。

第 1 步 启动 Flash CS6，在菜单栏中，①选择【文件】菜单项；②在弹出的下拉菜单中，选择【导入】菜单项；③在弹出的下拉菜单中，选择【导入到舞台】菜单项，如图 2-3 所示。

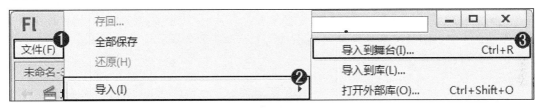

图 2-3

第 2 步 弹出【导入】对话框，①选择准备导入的图像；②单击【打开】按钮，如图 2-4 所示。

图 2-4

第3步 通过以上方法即可完成导入外部图像的操作，如图 2-5 所示。

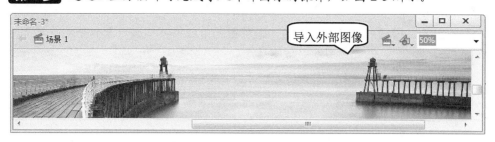

图 2-5

2.2 工具面板的组成

利用工具箱中的工具，可以绘制、选择和修改图形，为图形填充颜色，或者改变舞台的视图等，工具箱中的工具分为 4 个部分，分别为"工具"区、"查看"区、"颜色"区和"选项"区，如图 2-6 所示。

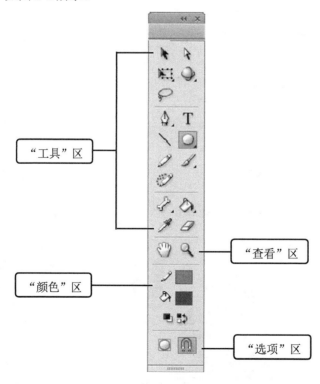

图 2-6

- ➢ "工具"区：包含了绘图、填充、选取、变形和擦除等工具。
- ➢ "查看"区：包含了"缩放"和"手形"工具。
- ➢ "颜色"区：单击相应按钮，可以设置笔触颜色和填充颜色。
- ➢ "选项"区：显示工具属性或当前工具相关的工具选项。

2.3 绘制基本线条与图形

在 Flash CS6 中，用户可以通过线条工具、铅笔工具、矩形工具与椭圆工具、基本矩形工具与基本椭圆工具、多角星形工具、刷子工具、喷涂刷工具、Deco 工具和钢笔工具等，绘制基本线条与图形。本节将详细介绍绘制基本线条与图形方面的知识。

2.3.1 线条工具

线条工具的主要功能是绘制直线。在工具箱中，单击【线条工具】按钮，然后在舞台上单击并拖动鼠标左键到需要的位置，松开鼠标左键，即可绘制出一条直线，如图 2-7 所示。

用户可以在【属性】面板中，设置线条颜色、线条粗细、线条类型，如图 2-8 所示。

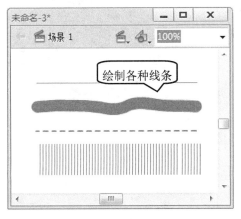

图 2-7

图 2-8

2.3.2 铅笔工具

在工具箱中，单击【铅笔工具】按钮，然后在舞台上单击并拖动鼠标左键绘制线条，当绘制完成后，松开鼠标左键即可在舞台上随意绘制出线条，如图 2-9 所示。

图 2-9

2.3.3 基本矩形工具与基本椭圆工具

在工具箱中，用户可以使用基本矩形工具与基本椭圆工具绘制图形。下面介绍运用基本矩形工具与基本椭圆工具的操作方法。

第1步 在工具箱中，①单击【基本矩形工具】按钮▢；②在舞台中，单击并拖动鼠标左键到合适大小后，松开鼠标左键，即可完成创建基本矩形图形的操作，如图2-10所示。

第2步 在工具箱中，①单击【基本椭圆工具】按钮◉；②在舞台中，单击并拖动鼠标左键到合适大小后，松开鼠标左键，即可完成创建基本椭圆图形的操作，如图2-11所示。

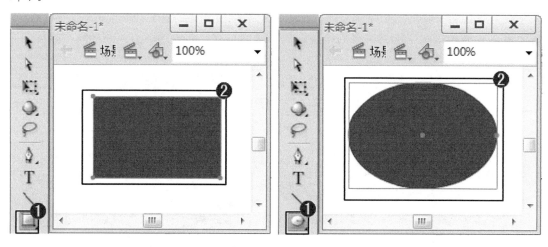

图 2-10　　　　　　　　　　　　　　　图 2-11

知识精讲

在【属性】面板中，用户可以对基本矩形工具和基本椭圆工具的【位置】、【大小】、【填充】和【笔触】的参数进行详细的设置，从而改变基本矩形图形与基本椭圆图形的形状大小。

2.3.4 矩形工具与椭圆工具

在工具箱中，用户还可以通过矩形工具与椭圆工具绘制图形。下面详细介绍矩形工具与椭圆工具的操作方法。

第1步 在工具栏中，①选择【矩形工具】按钮▢；②在舞台中单击并拖动鼠标左键到合适大小后，松开鼠标左键，即可完成创建矩形图形的操作，如图2-12所示。

第2步 在工具栏中，①单击【椭圆工具】按钮◯；②在舞台中单击并拖动鼠标左键到合适大小后，松开鼠标左键，即可完成创建椭圆图形的操作，如图2-13所示。

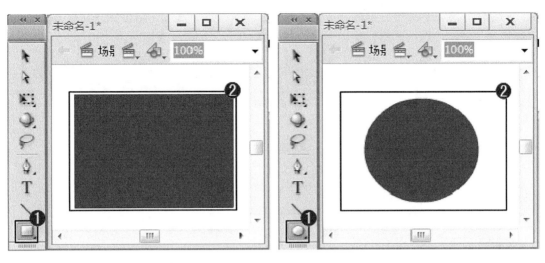

<table>
<tr><td>图 2-12</td><td>图 2-13</td></tr>
</table>

2.3.5　多角星形工具

在工具箱中，用户可以使用多角星形工具绘制图形。下面详细介绍使用多角星形工具
创建图形的操作方法。

启动 Flash CS6，在工具栏中，单击【多角星形工具】按钮 ⬡，在舞台中，单击并拖
动鼠标左键到合适大小后，松开鼠标左键，通过以上方法即可完成创建多角星形图形的操
作，如图 2-14 所示。

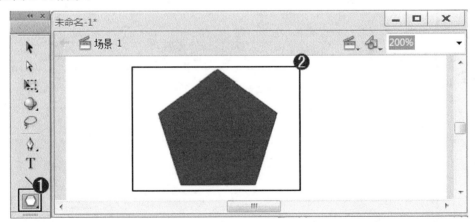

图 2-14

2.3.6　钢笔工具

在工具箱中，用户可以通过钢笔工具绘制图形。下面详细介绍通过钢笔工具绘制图形
的操作方法。

启动 Flash CS6，在工具栏中单击【钢笔工具】按钮 ✒，将鼠标放置在舞台上想要绘制

曲线的起始位置，然后单击鼠标并按住不放，绘制出一条直线段，将鼠标向其他方向拖曳，直线转换为曲线，释放鼠标，这样即可绘制一条曲线，如图 2-15 所示。

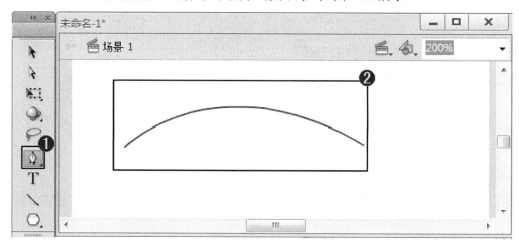

图 2-15

2.3.7 Deco 工具

在工具箱中，用户可以通过 Deco 工具绘制图形。下面详细介绍通过 Deco 工具绘制图形的操作方法。

第1步 在工具栏中，①单击【Deco 工具】按钮 ；②单击鼠标，在舞台中即可自动绘制图案，这样即可完成运用 Deco 工具绘制图形的操作，如图 2-16 所示。

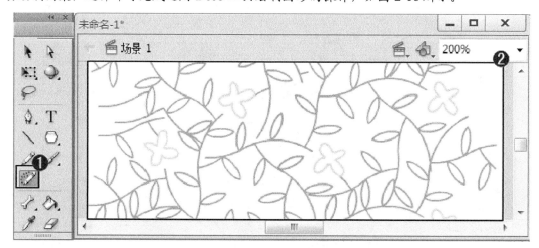

图 2-16

第2步 在【属性】面板，绘制效果区域中，在【藤蔓式填充】下拉列表框中，选择准备绘制的样式，如"网格填充"选项，如图 2-17 所示。

第3步 在舞台中单击鼠标，即可看到舞台中绘制出网格图形。通过以上步骤即可完成设置 Deco 工具图案样式的操作，如图 2-18 所示。

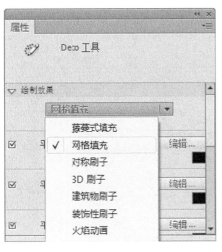

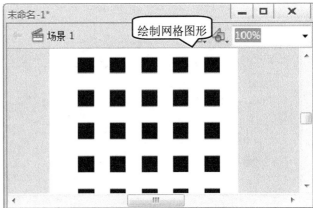

图 2-17   图 2-18

2.3.8 刷子工具

在工具箱中，用户可以通过刷子工具绘制图形。下面详细介绍通过刷子工具创建图形的操作方法。

启动 Flash CS6，在工具栏中，单击【刷子工具】按钮，在舞台中，单击并拖动鼠标左键到合适大小后释放鼠标左键，即可完成运用刷子工具绘制图形的操作，如图 2-19 所示。

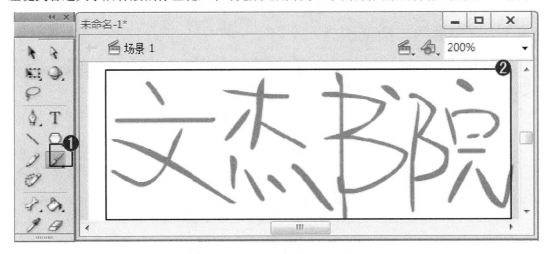

图 2-19

2.3.9 喷涂刷工具

在工具箱中，用户可以通过喷涂刷工具喷涂图形。下面详细介绍通过喷涂刷工具喷涂图形的操作方法。

启动 Flash CS6，在工具栏中，单击【喷涂刷工具】按钮，在舞台中，单击鼠标左键并拖动鼠标，即可完成运用喷涂刷工具喷涂图形的操作，如图 2-20 所示。

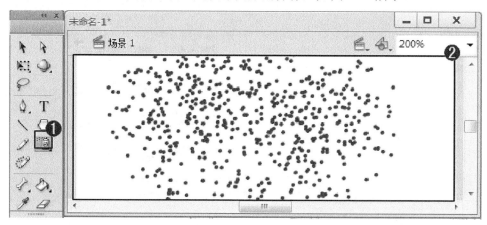

图 2-20

2.4　填充图形颜色

绘制各种图形后，所选对象的笔触或填充可以更改为指定的颜色。本节将详细介绍填充图形颜色方面的知识。

2.4.1　颜色面板与渐变填充

在 Flash CS6 中，用户可以在【颜色】面板中设置各种颜色。同时可以使用渐变颜色的方式填充图形。下面介绍【颜色】面板与渐变填充方面的知识。

在程序窗口中单击【颜色】按钮，即可弹出【颜色】面板，如图 2-21 所示。

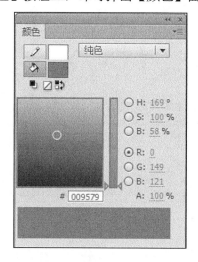

图 2-21

在【颜色】面板的下拉列表框中，选择【线性渐变】选项，在舞台中绘制一个矩形，这样即可将矩形以线性渐变的方式填充，如图 2-22 所示。

图 2-22

 智慧锦囊

在【颜色】面板中，渐变填充方式可分为线性渐变填充、径向渐变填充两种，不同的渐变填充方式具有不同的渐变效果。

2.4.2 运用颜料桶工具

在工具箱中，用户可以运用颜料桶工具填充颜色。下面详细介绍运用颜料桶工具填充颜色的操作方法。

启动 Flash CS6，绘制图形后，在工具栏中，单击【颜料桶工具】按钮，在舞台中单击绘制的图形，即可将绘制的图形填充为准备填充的颜色，如图 2-23 所示。

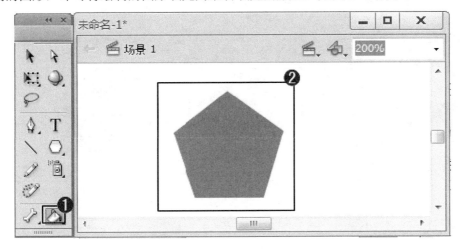

图 2-23

2.4.3 运用墨水瓶工具

在工具箱中，用户可以运用墨水瓶工具来填充边线。下面详细介绍通过墨水瓶工具填充边线的操作方法。

启动 Flash CS6，绘制图形后，在工具栏中，单击【墨水瓶工具】按钮 ，在舞台中单击图形的边线，即可将边线填充为准备填充的颜色，如图 2-24 所示。

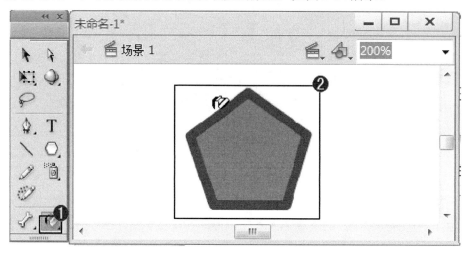

图 2-24

2.4.4 运用滴管工具

在工具箱中，通过滴管工具可以吸取舞台中的颜色，并填充到另一个图形上。下面详细介绍使用滴管工具的操作方法。

第 1 步 在工具栏中，①单击【滴管工具】按钮 ；②在舞台中，单击填充颜色的图形，此时滴管已经吸取该图形颜色，如图 2-25 所示。

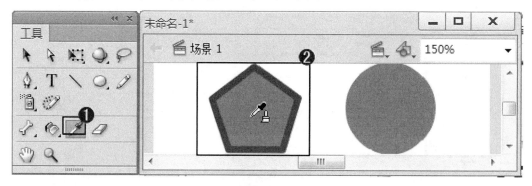

图 2-25

第 2 步 在工具栏中，①单击【颜料桶工具】按钮 ；②在舞台中，单击准备填充的图形，即可将吸管中的颜色填充到其他图形中，如图 2-26 所示。

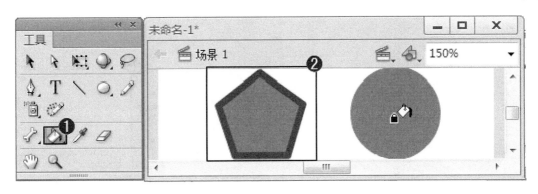

图 2-26

2.4.5　运用橡皮擦工具

在工具箱中，使用橡皮擦工具可以擦除舞台中多余的部分。下面详细介绍使用橡皮擦工具的操作方法。

启动 Flash CS6，在工具栏中，单击【橡皮擦工具】按钮，在舞台中，单击并拖动鼠标左键进行涂抹操作，当完成擦除后释放鼠标左键，即可擦除图形中多余的部分，如图 2-27 所示。

图 2-27

2.5　运用辅助绘图工具

在 Flash CS6 中，用户可以使用手形工具、缩放工具和对齐面板等辅助绘图工具绘制图形。本节将详细介绍运用辅助绘图工具方面的知识。

2.5.1　手形工具的应用

在 Flash CS6 中，使用手形工具可以移动整个舞台。在工具箱中，单击【手形工具】按钮，当鼠标变为手形以后，即可通过拖动鼠标来实现对舞台的移动，以便更好地观察画面，如图 2-28 所示。

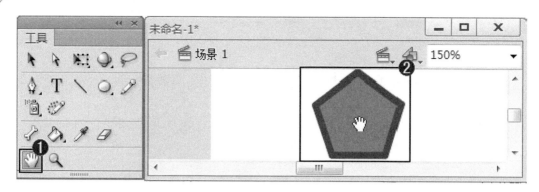

图 2-28

2.5.2　缩放工具的应用

在工具箱中，单击【缩放工具】按钮后，在工具箱最下方的选项区中会出现两个按钮，一个是【放大操作】按钮🔍，一个是【缩小操作】按钮🔍，用户可以通过单击鼠标左键来选择放大或缩小功能，实现对舞台工作区的放大和缩小，如图 2-29 所示。

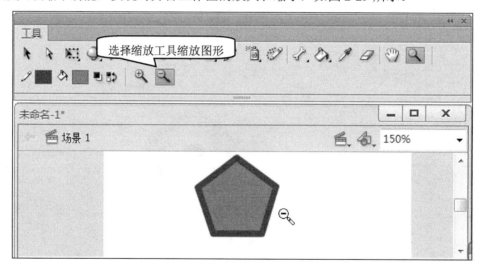

图 2-29

 智慧锦囊

　　缩放工具的快捷键是 Z 键。放大操作可以通过快捷键 Ctrl++来实现；缩小操作则可以通过快捷键 Ctrl+-来实现。

2.5.3　使用对齐面板

对齐面板中有左对齐、水平中齐、右对齐、顶对齐、垂直中齐、底对齐等对齐方式。下面详细介绍使用对齐面板的操作方法。

第1步 启动 Flash CS6，在舞台中绘制两个图形并将其选中，如图 2-30 所示。

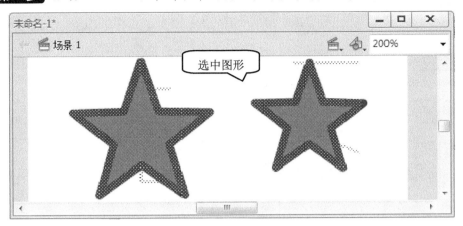

图 2-30

第2步 在【对齐】面板中，单击【底对齐】按钮，如图 2-31 所示。

第3步 通过以上方法即可完成使用【对齐】面板对齐图形的操作，如图 2-32 所示。

图 2-31

图 2-32

2.6　实践案例与上机指导

通过本章的学习，读者基本可以掌握使用绘图工具编辑图形方面的知识，下面通过练习操作，达到巩固学习和拓展提高的目的。

2.6.1　绘制水晶按钮

在 Flash CS6 中，用户可以运用本章所学的知识绘制出一个水晶按钮。下面详细介绍绘制水晶按钮的操作方法。

素材文件　无

效果文件　配套素材\第 2 章\效果文件\2.6.1　绘制水晶按钮.fla

第1步　新建文档，在工具栏中，①单击【椭圆工具】按钮 ；②在键盘上按住 Shift 键的同时，在舞台上绘制一个圆形，如图 2-33 所示。

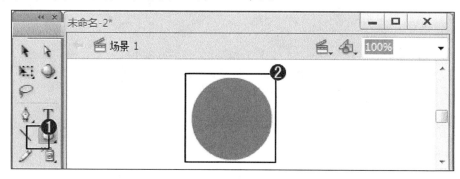

图 2-33

第2步　选中绘制的圆，在其【属性】面板中，①设置【宽】和【高】的数值分别为 100；②在【填充和笔触】卷展栏中，设置为【无笔触】颜色；③设置【填充颜色】为黑色，如图 2-34 所示。

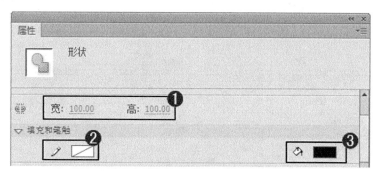

图 2-34

第3步　在【对齐】面板中，①选中【与舞台对齐】复选框；②单击【水平中齐】按钮 ；③单击【垂直中齐】按钮 ，如图 2-35 所示。

图 2-35

第4步　在舞台中，①绘制一个椭圆，作为高光；②在【属性】面板中，设置【笔触】颜色为白色；③设置无填充颜色，如图 2-36 所示。

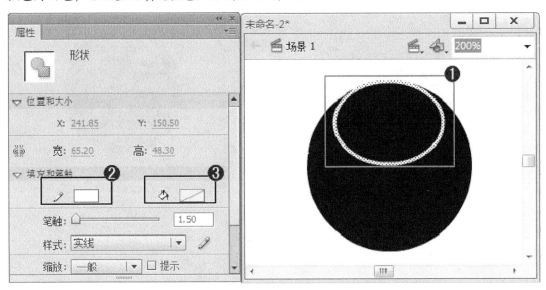

图 2-36

第5步　在【颜色】面板中，①选择【线性渐变】选项；②在工具箱中，单击【颜料桶工具】按钮 ；③在舞台中，对创建的椭圆进行黑白的渐变填充，如图 2-37 所示。

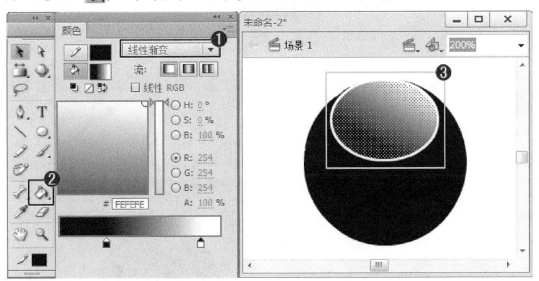

图 2-37

第6步　在工具箱中，①单击【渐变变形工具】按钮 ；②在舞台中，对创建的渐变填充效果进行调整，如图 2-38 所示。

第7步　在工具箱中，①单击【选择工具】按钮 ；②在椭圆的笔触上点一下，选择椭圆的边线，然后在键盘上按下 Delete 键将椭圆的边线删除，如图 2-39 所示。

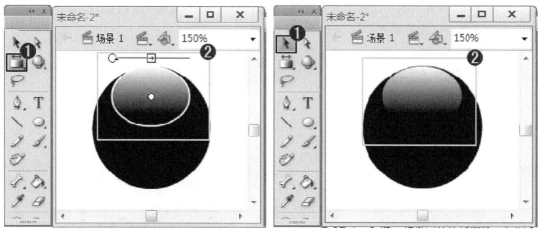

图 2-38　　　　　　　　　　　　　　　　　图 2-39

第 8 步　再制作出一个渐变图形，并调整其位置和渐变方向，如图 2-40 所示。

图 2-40

第 9 步　在舞台中，①绘制一个椭圆，作为高光点；②在【属性】面板中，设置【无笔触】颜色；③设置【填充】颜色为白色，这样即可完成绘制按钮的操作，如图 2-41 所示。

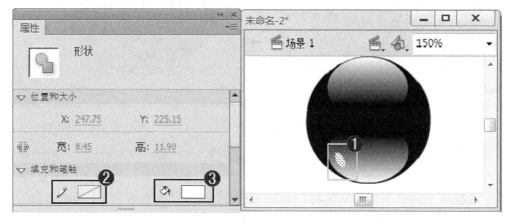

图 2-41

2.6.2 绘制卡通圣诞树

在 Flash CS6 中，用户可以运用本章所学的知识，绘制出一个卡通圣诞树。下面详细介绍绘制卡通圣诞树的操作方法。

素材文件 无

效果文件 配套素材\第 2 章\效果文件\2.6.2 绘制卡通圣诞树.fla

第 1 步 新建文档，在工具栏中，①单击【线条工具】按钮 ；②在舞台中，绘制一个三角图形；③在属性栏中，设置【笔触】颜色为黑色；④设置无填充颜色；⑤在【笔触】文本框中，输入笔触的大小数值，如"2"，如图 2-42 所示。

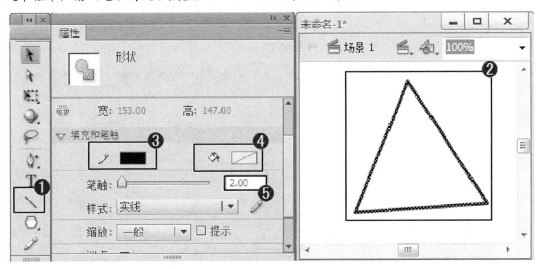

图 2-42

第 2 步 在工具栏中，①单击【线条工具】按钮 ；②在舞台中，在三角形的底部绘制一个不规则的矩形，如图 2-43 所示。

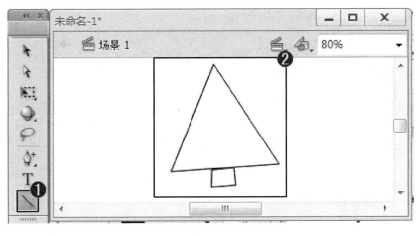

图 2-43

第3步 在工具栏中，①单击【线条工具】按钮 ；②在舞台中，在三角形的内部绘制多条不规则的线条，如图 2-44 所示。

图 2-44

第4步 在工具栏中，①单击【椭圆工具】按钮 ；②在舞台中，在三角形的内部绘制多个不规则的椭圆，如图 2-45 所示。

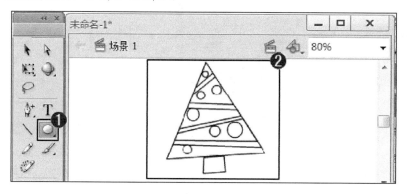

图 2-45

第5步 在工具栏中，①选择【多角星形工具】按钮 ；②在舞台中，在三角形的顶部绘制一个五角星图形，如图 2-46 所示。

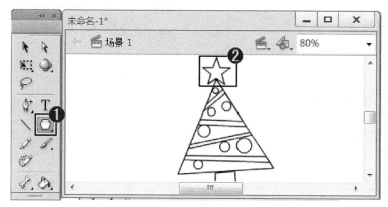

图 2-46

第6步 在工具栏中，①单击【颜料桶工具】按钮 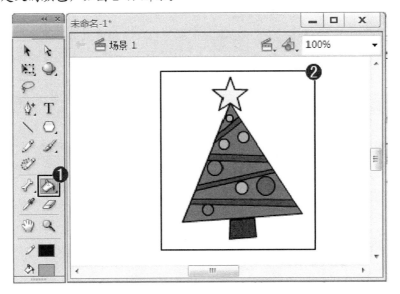；②在舞台中，对创建的圣诞树图形填充自定义的颜色，如图 2-47 所示。

图 2-47

第7步 在工具栏中，①单击【Deco 工具】按钮 ；②在【属性】面板中选择准备绘制的样式，如"藤蔓式填充"选项；③在舞台中，为空白区域设置填充效果。通过以上方法即可完成卡通圣诞树的绘制操作，如图 2-48 所示。

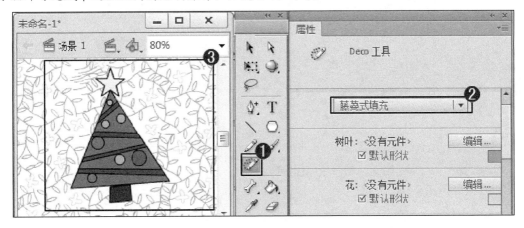

图 2-48

2.7　思考与练习

一、填空题

1. 点阵图也称为_____，就是最小单位由像素构成的图，缩放会_____。构成位图的最小单位是_____，位图就是由像素阵列的排列来实现其显示效果的，每个像素有自己的_____，所以处理位图时，应着重考虑分辨率，分辨率_____，位图失真率越小。

2. 利用工具箱中的工具，可以_____、选择和_____图形，为图形_____，或者改变舞台的_____等。

3. 在 Flash CS6 中，用户可以通过线条工具、_____、矩形工具与椭圆工具、基本矩形工具与基本椭圆工具、_____、刷子工具、_____、Deco 工具和钢笔工具等，绘制基本线条与图形。

4. 在工具箱中，选择【缩放】工具后，在工具箱最下方的选项区中会出现_____按钮，一个是_____，一个是_____。

二、判断题

1. 线条工具的主要功能是绘制曲线。 （　　）
2. 在工具箱中，用户不可以使用多角星形工具绘制图形。 （　　）
3. 在工具箱中，运用橡皮擦工具，用户可以擦除舞台中的多余部分。 （　　）
4. 在工具箱中，用户可以运用墨水瓶工具来填充边线。 （　　）

三、思考题

1. 如何运用钢笔工具？
2. 如何运用刷子工具？

第 3 章

创建与编辑文本对象

本章要点

- 使用文本工具创建文本
- 设置与应用文本样式
- 文本对象的变形与分离

本章主要内容

本章主要介绍了使用文本工具创建文本以及设置与应用文本样式方面的知识与技巧，同时还讲解了文本对象的变形与分离方面的知识，在本章的最后还针对实际的工作需求，讲解了制作霓虹灯文本和制作空心文本的方法。通过本章的学习，读者可以掌握创建与编辑文本对象方面的知识，为深入学习 Flash CS6 知识奠定基础。

3.1 使用文本工具创建文本

在 Flash CS6 中，用户可以创建静态文本、动态文本和输入文本三种类型的文本。本节将详细介绍使用文本工具创建文本方面的知识。

3.1.1 创建静态文本

在 Flash CS6 中，用户可以快速创建静态文本，静态文本框创建的文本在影片播放的过程中是不会改变的，下面以输入"若得一人心，白首不相离"为例，详细介绍创建静态文本的操作方法。

第1步 新建文档，在工具箱中，①选择【文本工具】 T；②在【属性】面板中，选择【静态文本】选项；③设置【大小】的数值为36点；④在【颜色】框中，选择准备应用的字体颜色，如图 3-1 所示。

第2步 在场景中，在准备输入文字的地方单击，出现光标后输入文字。通过以上方法即可完成创建静态文本的操作，如图 3-2 所示。

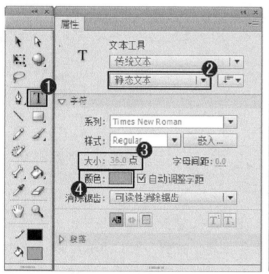

图 3-1   图 3-2

知识精讲

在文本输入完成后，如果需要修改文本内容，可以双击文本，即可显示编辑文本的文本框，在其中即可修改文本内容。修改完成后，单击文本框外面的空白区域，即可完成文本内容的修改。

3.1.2　创建动态文本

动态文本是动态更新的文本，如体育得分、股票报价或天气报告等。下面详细介绍创建动态文本的操作方法。

第 1 步 新建文档，在工具箱中，①选择【文本工具】**T**；②在【属性】面板中，选择【动态文本】选项；③设置【大小】的数值为 36 点，如图 3-3 所示。

第 2 步 将鼠标指针移动到场景中，当鼠标指针变成"十"形状时，按住鼠标左键并拖动至合适大小，释放鼠标即可在舞台中出现文本框，然后在其中输入文本。通过以上方法即可完成创建动态文本的操作，如图 3-4 所示。

图 3-3

图 3-4

智慧锦囊

修改动态文本框宽度的方法与修改静态文本框宽度的方法相同，将鼠标指针移动到文本框的右上角，当鼠标指针变成双箭头形状时，拖动鼠标指针即可改变文本框的宽度。

3.1.3　创建输入文本

输入文本是一种在动画播放过程中可以接受用户的输入操作，从而产生交互的文本。下面详细介绍创建输入文本的操作方法。

第 1 步 新建文档，在工具箱中，①选择【文本工具】**T**；②在【属性】面板中，选择【输入文本】选项；③设置【大小】的数值为 36 点，如图 3-5 所示。

第 2 步 在场景中，在准备输入文字的地方单击，出现光标后在其中输入文字。通过以上方法即可完成创建输入文本的操作，如图 3-6 所示。

图 3-5

图 3-6

智慧锦囊

　　输入文本与其他文本样式不同，在输入文本属性面板中，增加了一个【最多字符数】可变文本框，用于限制输入字符的个数，其中"0"表示不限制输入字符的个数。

3.2　设置与应用文本样式

　　在 Flash CS6 中，输入文本后用户可以编辑文本样式，包括消除文本锯齿、设置文字属性、为文本添加超链接、设置段落格式和引用外部文字等操作。本节将详细介绍设置与应用文本样式方面的知识。

3.2.1　消除文本锯齿

　　在 Flash CS6 中，如果创建的文本边缘有明显的锯齿，那么在【属性】面板中，选择【动画消除锯齿】、【可读性消除锯齿】和【自定义消除锯齿】选项，可以创建平滑的字体对象。下面详细介绍消除文本锯齿操作方法。

1. 自定义消除锯齿

　　在 Flash CS6 中，用户可以运用自定义消除锯齿的方式消除文本的锯齿。下面介绍自定义消除锯齿的操作方法。

　创建文本后，在文本【属性】面板中，选择【自定义消除锯齿】选项，如图 3-7 所示。

第2步　弹出【自定义消除锯齿】对话框，①设置【粗细】的数值；②设置【清晰度】的数值；③单击【确定】按钮，如图 3-8 所示。

 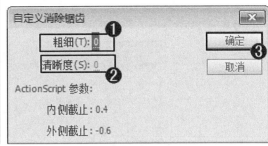

图 3-7　　　　　　　　　　　　　　　　　图 3-8

第3步　通过以上方法即可完成自定义消除锯齿的操作，如图 3-9 所示。

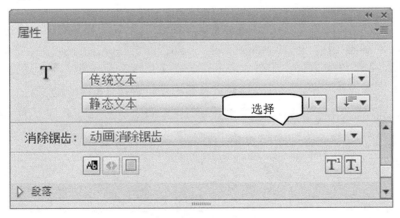

图 3-9

2. 动画消除锯齿

在【属性】面板中选择【动画消除锯齿】选项，用户同样可以创建较为平滑的文本对象，如图 3-10 所示。

图 3-10

在文本【属性】面板中，选择【动画消除锯齿】选项后，字体小于 10 磅时，字体的呈现会不清晰。图 3-11 所示的两组文字是选择【属性】面板中的【动画消除锯齿】选项前后的对比。

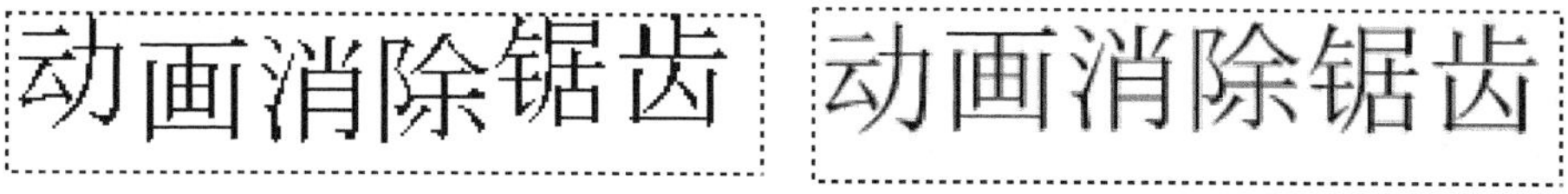

动画消除锯齿　动画消除锯齿

图 3-11

3. 可读性消除锯齿

在文本【属性】面板中，选择【可读性消除锯齿】选项，可以增强较小字体的可读性，可读性消除锯齿使用了新的消除锯齿引擎，改进了字体的呈现效果，如图 3-12 所示。

图 3-12

图 3-13 所示的两组文字是选择【属性】面板中的【可读性消除锯齿】选项前后的对比。

可读性消除锯齿　可读性消除锯齿

图 3-13

3.2.2　为文本添加超链接

在文本【属性】面板中，通过【链接】文本框可以为水平文本添加超链接，单击该文本就可以跳转到其他文件。下面详细介绍为文本添加超链接的操作方法。

第 1 步　启动 Flash CS6，①创建文本；②在【属性】面板中，展开【选项】卷展栏；③在【链接】文本框中，输入准备添加超链接的网址，如图 3-14 所示。

图 3-14

第2步　此时文本下方会出现下划线，这样即可完成设置超链接的操作，如图 3-15
所示。

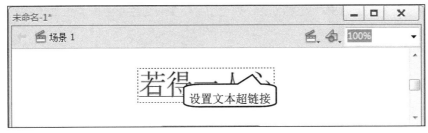

图 3-15

3.2.3　设置段落格式

在 Flash CS6 中，用户可以设置文本的段落格式，包括左对齐、居中对齐、右对齐和两
端对齐等。下面详细介绍设置段落格式的操作方法。

第1步　在工具箱中，①在舞台中创建段落文本并选中；②在【属性】面板中，单击
展开【段落】卷展栏；③单击【右对齐】按钮　，如图 3-16 所示。

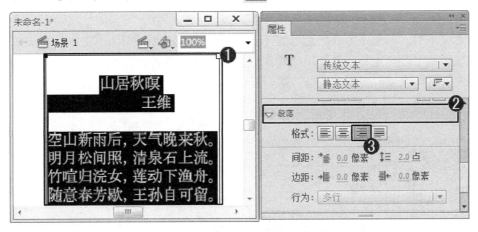

图 3-16

第2步　通过以上方法即可完成设置段落格式的操作，如图 3-17 所示。

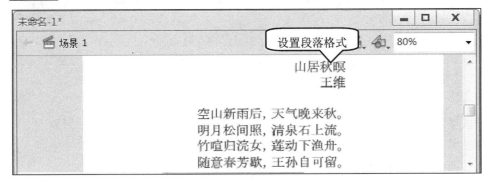

图 3-17

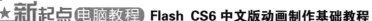

![知识精讲]

在【段落】卷展栏中，还可以通过调整【间距】和【边距】微调框来调整段落文本，以达到更加理想的效果。

3.3 文本对象的变形与分离

在 Flash CS6 中，对文本进行变形与分离的操作，可以起到一定的美化作用。本节将详细介绍文本对象的变形与分离方面的知识。

3.3.1 应用文本变形

在制作 Flash 动画时，经常会将文本对象变形。变形文本对象的方法与将图形对象变形的方法相似，下面详细介绍文本变形的操作方法。

1. 旋转文本

输入文本后，单击【工具栏】中的【任意变形工具】按钮，当文本框周围出现文本对象的轮廓线时，将鼠标指针移动到轮廓线的转角处，当鼠标指针变成"⌢"形状时，按住鼠标左键并向上或向下拖动鼠标，即可旋转文本对象，如图 3-18 所示。

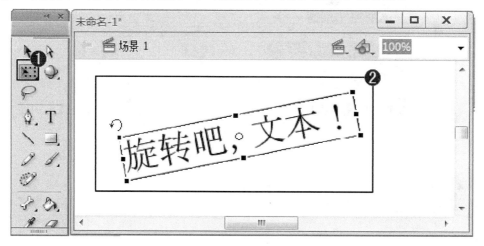

图 3-18

2. 倾斜文本

输入文本后，单击【工具栏】中的【任意变形工具】按钮，当文本框周围出现文本对象的轮廓线时，将鼠标指针移动到轮廓线的周围，当鼠标指针变成"‖"形状时，按住鼠标左键并向上或向下拖动鼠标，即可使文本对象倾斜，如图 3-19 所示。

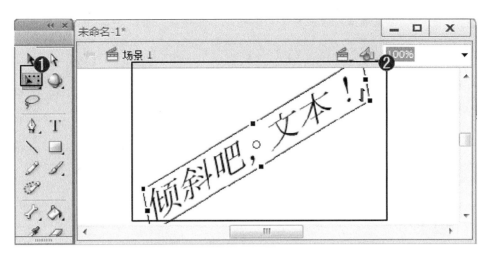

图 3-19

3. 水平翻转文本

在 Flash CS6 中，文本对象也可以像图形对象一样进行水平翻转。下面详细介绍水平翻转文本的操作方法。

第 1 步　在场景中，①创建准备水平翻转的文本；②在工具箱中，单击【选择工具】按钮，然后选中准备水平翻转的文本，如图 3-20 所示。

图 3-20

第 2 步　在菜单栏中，依次选择【修改】→【变形】→【水平翻转】菜单项，如图 3-21 所示。

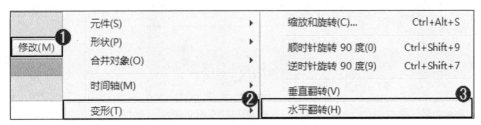

图 3-21

第3步 通过以上方法即可完成水平翻转文本的操作，如图 3-22 所示。

图 3-22

4. 缩放文本

将文本对象进行缩放的方法与缩放图形对象的方法相同。下面详细介绍缩放文本的操作方法。

第1步 在场景中，①创建准备缩放的文本；②在工具箱中，单击【任意变形工具】按钮 ，如图 3-23 所示。

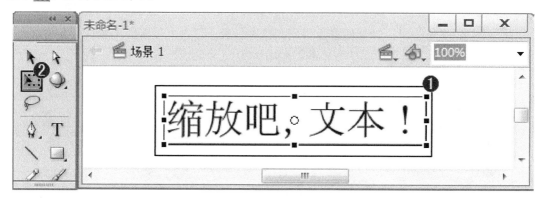

图 3-23

第2步 当文本框周围出现文本对象的轮廓线时，将鼠标指针移动到轮廓线的转角处，当鼠标指针变成 " " 形状时，按住鼠标左键并拖动鼠标，即可缩放文本对象的大小，如图 3-24 所示。

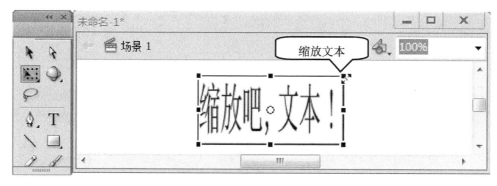

图 3-24

3.3.2 分离文本

在 Flash CS6 中，可以对文本块进行分离，使其成为单个的字符或填充图形，从而轻松地制作出每个字符的动画或设置特殊的文本效果。下面详细介绍分离文本的操作方法。

第 1 步 在舞台中，①创建准备分离的文本；②在菜单栏中，选择【修改】菜单项；③在弹出的下拉菜单中，选择【分离】菜单项，如图 3-25 所示。

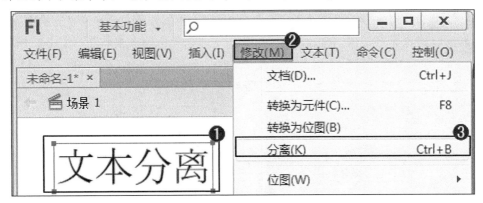

图 3-25

第 2 步 此时，在场景中的文本已经被分离，如图 3-26 所示。

第 3 步 再次选择菜单栏中的【修改】→【分离】菜单项，选择的文本被完全分离，如图 3-27 所示。

图 3-26

图 3-27

 智慧锦囊

一旦文本被分离为填充图形后就不再具有文本的属性，而拥有了填充图形的属性。也就是说，对于分离为填充图形的文本，不能再更改其字体、字符间距等，但却可以对其应用渐变填充或位图填充等填充属性。

3.3.3 文本局部变形

在 Flash CS6 中，用户可以对需要的文本进行局部变形的操作，以便更好地制作出需要的艺术效果。下面详细介绍对文本局部变形的操作方法。

第 1 步 创建文本后，在键盘上两次按下快捷键 Ctrl+B，将文本彻底地分离出来，如图 3-28 所示。

第 2 步 在工具栏中，①单击【任意变形工具】按钮 ；②单击准备变形的文本局部，拖动鼠标左键进行变形操作。通过以上方法即可完成对文本对象进行局部变形的操作，如图 3-29 所示。

图 3-28

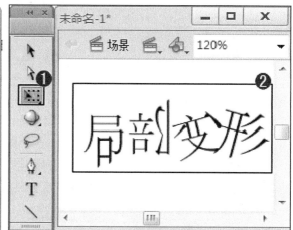

图 3-29

3.4 实践案例与上机指导

通过本章的学习，读者基本可以掌握创建与编辑文本对象方面的知识，下面通过练习操作，达到巩固学习和拓展提高的目的。

3.4.1 制作霓虹灯文本

霓虹灯效果的文本主要应用在网页广告中，是一种常见的 Flash 字体效果。下面详细介绍制作霓虹灯文本的操作方法。

素材文件 无

效果文件 配套素材\第 3 章\效果文件\3.4.1　制作霓虹灯文本.fla

第 1 步 新建文档，在菜单栏中，①选择【修改】菜单项；②在弹出的下拉菜单中，选择【文档】菜单项，如图 3-30 所示。

第2步 弹出【文档设置】对话框，①将场景的宽度设置成550像素；②将场景的高度设置成150像素；③将场景的【背景颜色】设置为天蓝色；④单击【确定】按钮，如图 3-31 所示。

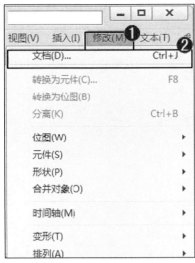

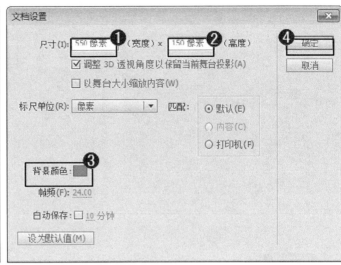

图 3-30　　　　　　　　　　　　　　　　　　图 3-31

第3步 修改文档后，①在工具箱中，选择【文本工具】按钮T；②在场景中，单击并拖动鼠标，绘制一个空白文本编辑框，在其中输入文本"霓虹人生"，如图 3-32 所示。

第4步 选中输入的文本，在【属性】面板中，①单击【居中对齐】按钮；②设置【间距】数值为2，如图 3-33 所示。

图 3-32　　　　　　　　　　　　　　　　　　图 3-33

第5步 在键盘上按两次快捷键 Ctrl+B，将创建的文本彻底分离，如图 3-34 所示。

第6步 在工具箱中，①单击【墨水瓶工具】按钮；②在【属性】面板中，设置准备填充文本笔画边线的颜色，如"黄色"，如图 3-35 所示。

图 3-34

图 3-35

第7步 在舞台中的每一个笔画上单击，即可看到文本笔画的边缘增加了设置的颜色线条，如图 3-36 所示。

第8步 在工具箱中，①单击【染料桶工具】按钮；②在【颜色】面板中，选择【线性渐变】选项；③选择准备应用的渐变颜色，如图 3-37 所示。

图 3-36

图 3-37

第9步 在场景中，分别单击每个文字的每一个笔画进行颜色渐变填充。通过以上方法即可完成制作霓虹灯文本的操作，如图 3-38 所示。

图 3-38

3.4.2　制作空心文本

在 Flash 中空心文本是较为经典并且应用很广泛的一种文本特效。下面将详细介绍制作空心文本的操作方法。

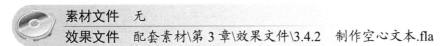

素材文件　无

效果文件　配套素材\第 3 章\效果文件\3.4.2　制作空心文本.fla

第 1 步　新建文档，在菜单栏中，选择【修改】→【文档】菜单项，弹出【文档设置】对话框，①将场景的宽度设置成 550 像素；②将场景的高度设置成 200 像素；③将场景的【背景颜色】设置为白色；④单击【确定】按钮，如图 3-39 所示。

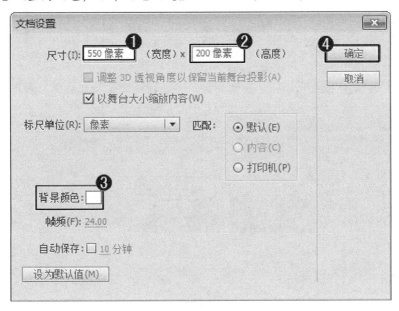

图 3-39

第 2 步　修改文档后，①在工具箱中，选择【文本工具】按钮 T；②在文本【属性】面板，设置文本的样式、颜色和大小，如图 3-40 所示。

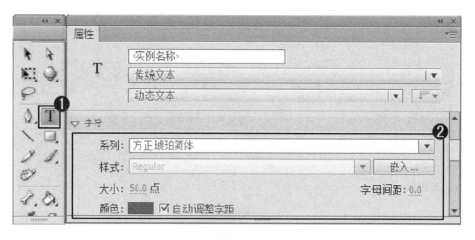

图 3-40

第3步 修改文档后，在场景中单击并拖动鼠标绘制一个空白文本编辑框，在其中输入文本，如图 3-41 所示。

图 3-41

第4步 在键盘上按两次 Ctrl+B 快捷键，将创建的文本彻底分离，如图 3-42 所示。

图 3-42

第5步 在工具箱中，①单击【墨水瓶工具】按钮 ；②在【属性】面板中，设置准备填充边线的颜色；③在【笔触】文本框中，输入填充笔触的数值，如图 3-43 所示。

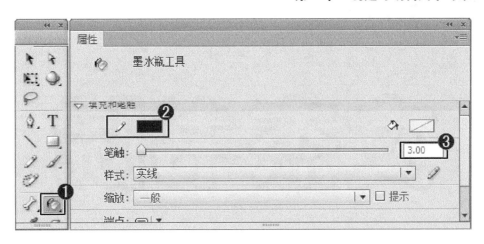

图 3-43

第6步 在舞台中的每一个笔画上单击，即可看到文本笔画的边缘增加了设置的颜色线条，如图 3-44 所示。

图 3-44

第7步 填充边线后，①在工具箱中，单击【选择工具】按钮 ；②按住 Shift 键的同时，在文本的内部颜色上单击选中文本的内部颜色，如图 3-45 所示。

图 3-45

第8步 在键盘上按下 Delete 键，删除文本的内部颜色。通过以上方法即可完成制作空心文本的操作，如图 3-46 所示。

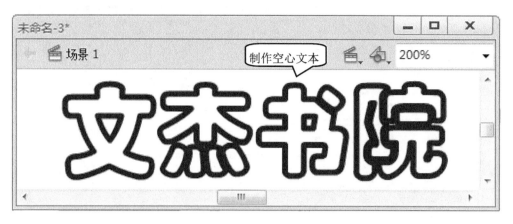

图 3-46

3.5 思考与练习

一、填空题

1. 在 Flash CS6 中，用户可以创建三种类型的文本，包括_____、_____和_____等。

2. 输入文本后，用户可以编辑文本样式，用于改变文本，其中包括_____、_____、为文本添加超链接、_____和_____等操作。

3. 在 Flash CS6 中，用户可以设置文本的段落格式，包括_____、居中对齐、_____和_____等。

二、判断题

1. 输入文本是在动画播放过程中，可以接受用户的输入操作，从而产生交互的文本。(   )

2. 在 Flash CS6 中，文本对象不可以像图形对象一样进行水平翻转。   (   )

3. 在 Flash CS6 中，不可以对文本块进行分离，使其成为单个的字符或填充图形。(   )

4. 在文本【属性】面板中，【链接】文本框可以为水平文本添加超链接。   (   )

三、思考题

1. 如何创建输入文本？

2. 如何为文本添加超链接？

第 4 章

操作与编辑对象

本章主要内容

本章主要介绍了选择对象、查看对象和对象的基本操作等方面的知识与技巧，同时还讲解了变形对象、合并对象和组合、排列与分离对象方面的知识，在本章的最后还针对实际的工作需求，讲解了绘制贺卡和绘制五角星的方法。通过本章的学习，读者可以掌握操作与编辑对象的操作方法，为深入学习 Flash CS6 知识奠定基础。

4.1 选择对象

在 Flash CS6 中，在对对象进行操作前，需要先选择对象，选择对象的工具包括选择工具、部分选取工具和套索工具等，不同的工具有着不同的选择功能，本节将详细介绍选择对象方面的知识。

4.1.1 使用选择工具

在工具箱中，单击【选择工具】按钮，在场景中，单击并拖动鼠标绘制出一个矩形框，并使对象包含在矩形选取框中，然后释放鼠标，这样即可选中对象，如图 4-1 所示。

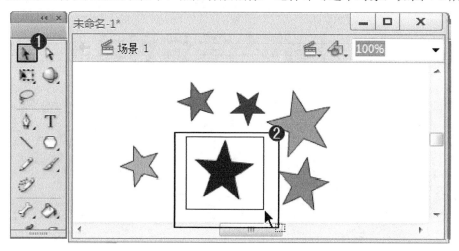

图 4-1

智慧锦囊

在键盘上，按下 Shift 键的同时单击其他对象，即可同时选中其他要添加的对象，在使用其他工具时，临时切换到选择工具时，可以按 Ctrl 键进行选择。

4.1.2 使用部分选取工具

在 Flash CS6 中，用户还可以通过使用部分选取工具来选择对象，在修改对象形状时，使用部分选取工具会更加得心应手。下面介绍使用部分选取工具的方法。

部分选取工具用于选择矢量图形上的结点，在工具箱中，单击【部分选取工具】按钮，在舞台中，选择对象相应的结点，单击鼠标左键并向任意方向拖曳，这样即可改变图形的形状，如图 4-2 所示。

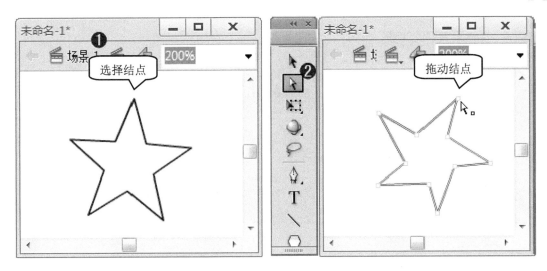

图 4-2

4.1.3　使用套索工具

套索工具和选择工具的使用方法相似，不同的是套索工具可以选择不规则形状，下面详细介绍使用套索工具选择对象的操作方法。

启动 Flash CS6，在工具箱中，①单击【套索工具】按钮，将光标移动到准备选择对象的区域附近；②按住鼠标左键不放，绘制一个需要选定对象的区域，释放鼠标左键后所画区域就是被选中的区域，如图 4-3 所示。

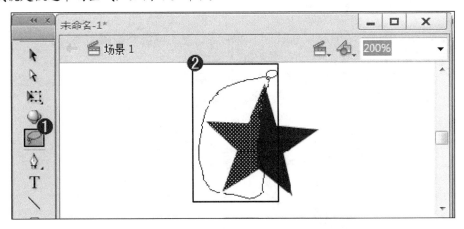

图 4-3

4.2　查　看　对　象

使用手形工具与缩放工具，可以帮助用户调整视图更好地查看对象，本节将详细介绍查看对象方面的知识。

4.2.1　使用手形工具

手形工具用于移动工作区，调整场景中的可视区域，同样是移动工具，应注意与选择工具相区别，选择工具用于移动场景中的对象，改变对象的位置，而手形工具的移动不会影响场景中对象的位置。

在工具箱中，单击【手形工具】按钮，在场景中当光标变成"🖐"形状时，单击并拖曳鼠标，即可调整工作区在场景中的可视区域，如图 4-4 所示。

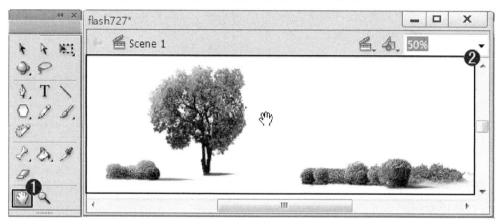

图 4-4

4.2.2　使用缩放工具调整工作区的大小

在 Flash CS6 中，使用缩放工具用户可以更随意灵活地调整视图比例，【缩放工具】包含两种调整视图比例的方式，分别为放大和缩小。

在工具箱中，选择选项组中的【放大】按钮，在场景中单击，即可放大视图比例。选择选项组中的【缩小】按钮，即可缩小视图比例，如图 4-5 所示。

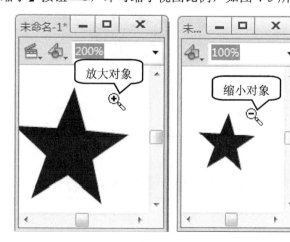

图 4-5

4.3　对象的基本操作

对象的基本操作包括对象的移动、复制和删除等。在 Flash CS6 动画制作中，这些操作可以更好地提高工作效率、节约工作时间，本节将详细介绍对象的基本操作方面的知识。

4.3.1　移动对象

在 Flash CS6 中，移动对象的方法多种多样，其中包括利用鼠标、方向键、【属性】面板和【信息】面板等进行移动，下面详细介绍移动对象操作方法。

1. 利用方向键移动对象

在 Flash CS6 中，使用方向键进行对象移动，可使对象移动得更加精确。在场景中，选中对象，按下键盘上的上、下、左、右方向键，进行对象移动，如图 4-6 所示。

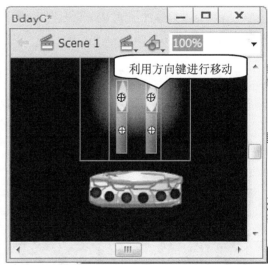

图 4-6

 知识精讲

利用方向键进行移动，一次可以移动一个像素，在按住方向键的同时，按住 Shift 键，一次可以移动 8 个像素。

2. 利用鼠标移动对象

在 Flash CS6 中，使用鼠标移动对象是最快捷的方法。在场景中选中图形，按住鼠标左键，并向相应的位置进行拖动，这样即可完成利用鼠标移动对象的操作，如图 4-7 所示。

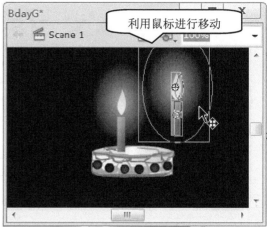

图 4-7

 智慧锦囊

　　在 Flash CS6 中使用鼠标进行移动对象的过程中，用户需要配合工具箱中的【选择工具】按钮 来使用。

3. 利用【属性】面板进行移动对象

　　在场景中，选择准备移动的图形，在【属性】面板【位置和大小】区域，在 X 和 Y 文本框中输入相应的数值，然后按下 Enter 键，这样即可完成利用【属性】面板进行移动对象的操作，如图 4-8 所示。

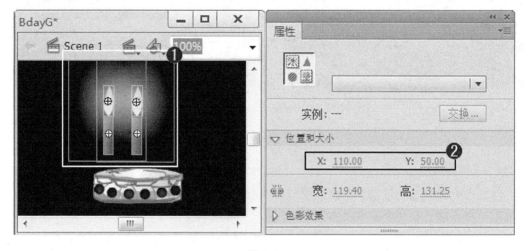

图 4-8

4. 利用【信息】面板进行移动对象

　　在场景中，选择准备移动的图形，在【信息】面板中，在 X 和 Y 文本框中，输入相应的数值，然后按下 Enter 键，即可完成利用【信息】面板进行移动的操作，如图 4-9 所示。

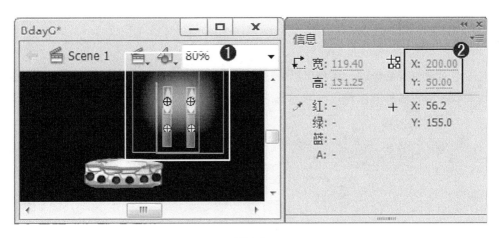

图 4-9

4.3.2　复制对象

在制作 Flash 动画时，用户经常需要通过 Flash 复制对象，以便制作出需要的效果，下面介绍复制对象的操作方法。

在场景中，选中准备复制的图形对象的同时，按住 Alt 键进行拖动，即可复制对象，如图 4-10 所示。

图 4-10_

智慧锦囊

如果准备删除对象，首先需要选定对象，然后按下键盘上的Delete键或者BackSpace键，即可完成删除对象的操作。

4.4　变　形　对　象

在创建动画的过程中，用户可以通过扭曲、旋转和缩放等方法对图形对象进行变形，从而更加完善编辑中的图形对象，本节将详细介绍变形对象方面的知识。

4.4.1 什么是变形点

在图形对象进行变形时，用户可以使用变形点作为变形参考，通过变形点位置的改变，从而改变旋转或者对齐的操作，不同的变形点位置产生的效果也不同，如图 4-11 所示。

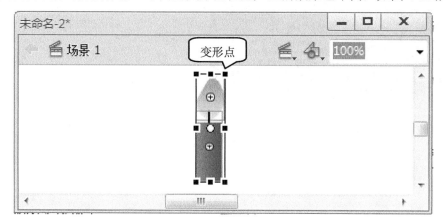

图 4-11

4.4.2 自由变形对象

自由变形可以使图形自由随意变形，如缩放、倾斜、旋转等操作，下面详细介绍自由变形的操作方法。

1. 倾斜对象

倾斜用于改变图形形状，当光标移动到图形锚点之间的直线时，光标变成"⇆"形状，此时，单击并拖曳鼠标左键，可以看到图形倾斜的轮廓线，释放鼠标，轮廓线倾斜的形状就是图形倾斜的形状，如图 4-12 所示。

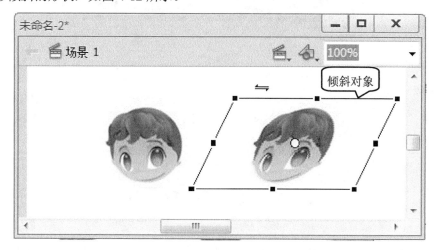

图 4-12

2. 旋转对象

旋转用于改变图形角度，当光标移动到图形边角的锚点外侧时，光标变成"↻"形状，单击并拖曳鼠标左键，可以看到图形对象旋转的轮廓线，释放鼠标，轮廓线旋转的形状就是图形旋转的形状，如图 4-13 所示。

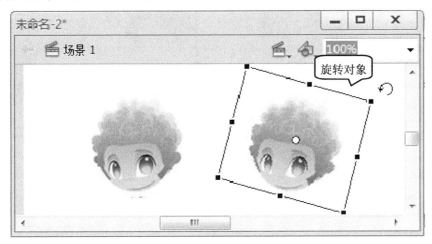

图 4-13

4.4.3　缩放对象

在 Flash CS6 中，缩放对象可以改变对象的大小，以便将编辑的图形对象缩放至合适的比例，下面详细介绍缩放对象的操作方法。

第 1 步　选中准备缩放的对象后，①在菜单栏中，选择【修改】菜单项；②在弹出的下拉菜单中，选择【变形】菜单项；③在弹出的下拉菜单中，选择【缩放】菜单项，如图 4-14 所示。

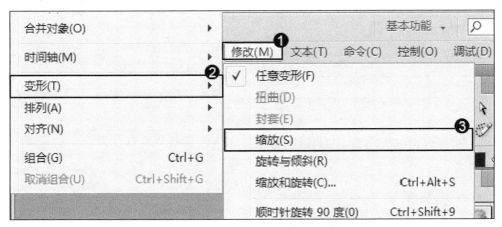

图 4-14

第 2 步　在场景中，单击并拖动其中一个变形点，图形对象可以沿 X 轴和 Y 轴两个方向进行缩放，如图 4-15 所示。

图 4-15

智慧锦囊

　　按下键盘上的 Shift 键，可进行长宽比例不一致的缩放，如果想要在水平或垂直方向缩放对象，可以拖曳中心手柄进行缩放。

4.4.4　封套对象

　　封套对象可以使图形对象的变形效果更加完美，弥补了扭曲变形在某些局部无法完全照顾的缺点，下面详细介绍封套对象的操作方法。

　　第 1 步　选中需要进行封套的对象，①在菜单栏中，选择【修改】菜单项；②在弹出的下拉菜单中，选择【变形】菜单项；③在弹出的下拉菜单中，选择【封套】菜单项，如图 4-16 所示。

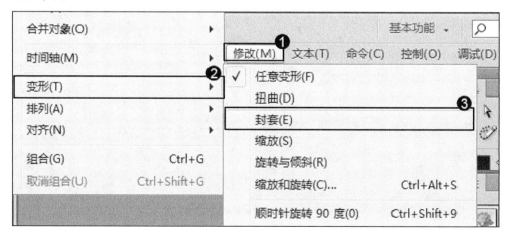

图 4-16

　　第 2 步　此时，对象的周围出现变换框，变换框上交错分布方形和圆形两种变形手柄，如图 4-17 所示。

第3步 单击并拖动鼠标左键，即可对图形局部的点进行变形，如图 4-18 所示。

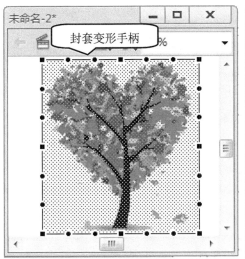
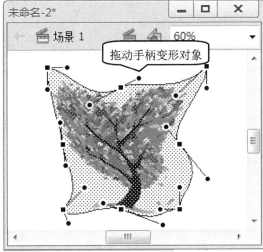

图 4-17   图 4-18

第4步 变形完成后，在舞台空白处单击，通过以上步骤即可完成封套对象的操作，如图 4-19 所示。

图 4-19

 智慧锦囊

【封套】命令不能修改元件、位图、视频对象、声音和渐变等，若要修改文本，要先将文本转换为形状对象。

4.4.5 扭曲对象

在 Flash CS6 中，使用【扭曲】变形时用户可以更改对象变换框上的控制点位置，从而改变对象的形状，下面详细介绍扭曲对象的操作方法。

第1步 选中需要进行扭曲的对象，①在菜单栏中，选择【修改】菜单项；②在弹出的下拉菜单中，选择【变形】菜单项；③在弹出的下拉菜单中，选择【扭曲】菜单项，如图 4-20 所示。

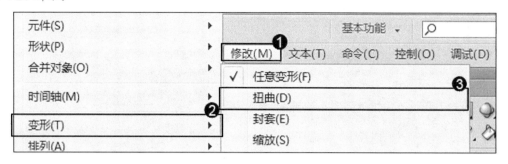

图 4-20

第2步 此时对象周围出现变形框，将鼠标指针放置在控制点上，当鼠标指针变成"▷"形状时，单击并拖动变形框上的变形点至指定位置，即可移动该点完成扭曲对象的操作，如图 4-21 所示。

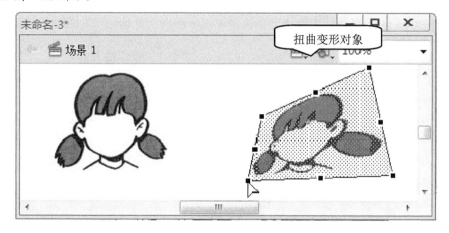

图 4-21

知识精讲

在键盘上按下 Shift 键并拖动角点，可以锥化该对象，使相邻两个角沿彼此相反的方向移动相同的距离。

4.4.6 翻转对象

在 Flash CS6 中，使用【翻转】变形时，用户可以使编辑中的图形对象垂直或水平翻转，以便制作出需要的镜像效果，下面介绍翻转对象的操作方法。

第1步 选中准备翻转的对象，①在菜单栏中，选择【修改】菜单项；②在弹出的下拉菜单中，选择【变形】菜单项；③在弹出的下拉菜单中，选择【垂直翻转】菜单项，如图 4-22 所示。

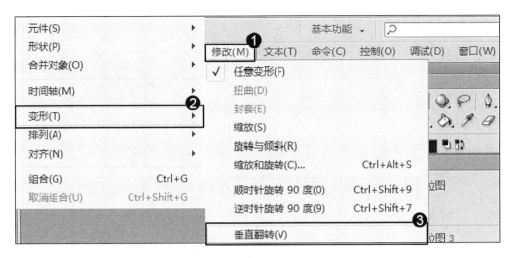

图 4-22

第2步 通过以上步骤即可完成垂直翻转图形对象的操作，如图 4-23 所示。

图 4-23

4.5 合并对象

在 Flash CS6 中，合并对象可以改变图形的形状，其中包括联合、交集、打孔和裁切等操作，本节将详细介绍合并对象方面的知识。

4.5.1 联合对象

使用【联合】命令，用户可以将两个或多个形状合成单个形状，下面详细介绍使用【联合】命令合成对象的操作方法。

第1步 选中绘制的两个对象，在菜单栏中，①选择【修改】菜单项；②在弹出的下拉菜单中，选择【合并对象】菜单项；③在弹出的下拉菜单中，选择【联合】菜单项，如图 4-24 所示。

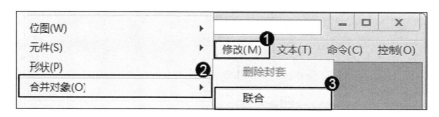

图 4-24

第2步 通过以上方法即可完成将两个对象联合的操作，如图 4-25 所示。

图 4-25

智慧锦囊

　　【联合】命令与【组合】命令的区别在于，联合后的对象无法再进行分开，而组合后的对象还可以通过【取消组合】命令进行拆分。

4.5.2 裁切对象

　　在 Flash CS6 中，【裁切】命令所得到的对象是独立的，不会合并为单个对象，下面详细介绍裁切对象的操作方法。

第1步 在场景中，绘制并选中两个准备裁切的图形对象，这两个对象应相交在一起，如图 4-26 所示。

图 4-26

第2步　选择对象后，在菜单栏中，①选择【修改】菜单项；②在弹出的下拉菜单中，选择【合并对象】菜单项；③在弹出的下拉菜单中，选择【裁切】菜单项，如图 4-27 所示。

第3步　通过以上方法即可完成裁切对象的操作，如图 4-28 所示。

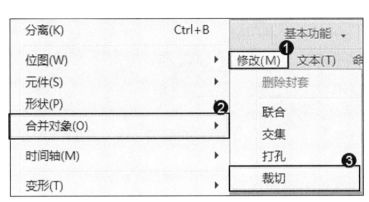

图 4-27　　　　　　　　　　　　　　　　　　图 4-28

4.5.3　交集对象

在 Flash CS6 中，交集是指两个或两个以上的图形重叠的部分被保留，而其余部分被剪裁掉的过程，下面详细介绍交集对象的操作方法。

第1步　在场景中，绘制并选中两个准备交集的图形对象，这两个对象应相交在一起，如图 4-29 所示。

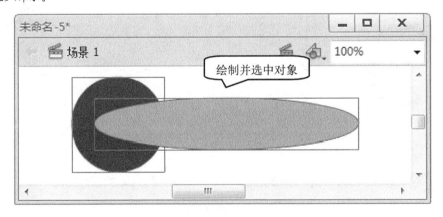

图 4-29

第2步　选择对象后，在菜单栏中，①选择【修改】菜单项；②在弹出的下拉菜单中，选择【合并对象】菜单项；③在弹出的下拉菜单中，选择【交集】菜单项，如图 4-30 所示。

第3步　通过以上方法即可完成交集对象的操作，如图 4-31 所示。

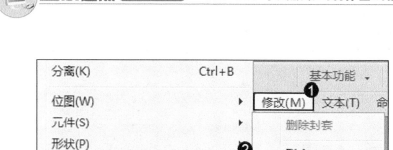

图 4-30   图 4-31

4.5.4　打孔对象

打孔用于删除选定绘制对象的某些部分，这些部分是该对象与另一个重叠对象的公共部分，下面详细介绍打孔对象的操作方法。

第1步 在场景中，绘制并选中两个准备打孔的图形对象，如图 4-32 所示。

第2步 选择对象后，在菜单栏中，①选择【修改】菜单项；②在弹出的下拉菜单中，选择【合并对象】菜单项；③在弹出的下拉菜单中，选择【打孔】菜单项，如图 4-33 所示。

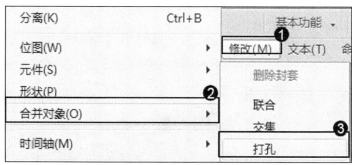

图 4-32   图 4-33

第3步 通过以上方法即可完成打孔对象的操作，如图 4-34 所示。

图 4-34

4.6　组合、排列与分离对象

在 Flash CS6 中，用户可以根据工作的需求，对图形对象进行组合、排列和分离等操作，从而制作出满意的图形效果，本节将详细介绍组合、排列和分离对象方面的知识。

4.6.1　组合对象

将多个对象作为一个对象进行处理的时候，需要将其组合在一起作为一个整体进行移动，下面详细介绍组合对象的操作方法。

第 1 步 启动 Flash CS6，在场景中选中准备组合的目标对象，如图 4-35 所示。

第 2 步 选择对象后，在菜单栏中，①选择【修改】菜单项；②在弹出的下拉菜单中，选择【组合】菜单项，如图 4-36 所示。

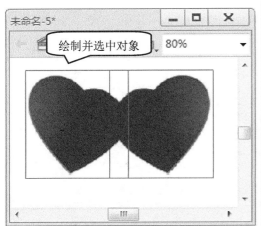
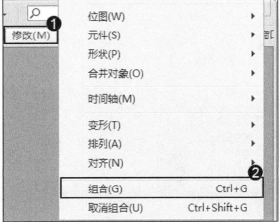

图 4-35　　　　　　　　　　　　　　　　　图 4-36

第 3 步 通过以上方法即可完成组合对象的操作，如图 4-37 所示。

图 4-37

知识精讲

在 Flash CS6 中，在键盘上按下快捷键 Ctrl+G，同样可以进行组合图形对象的操作。

4.6.2 分离对象

使用分离功能，可以将文本区域或图形图像分离出来，转换为可编辑对象，下面详细介绍分离对象的操作方法。

第1步 在舞台中，选择准备分离的图形对象，①在菜单栏中，选择【修改】菜单项；②在弹出的下拉菜单中，选择【分离】菜单项，如图 4-38 所示。

第2步 通过以上方法即可完成分离对象的操作，如图 4-39 所示。

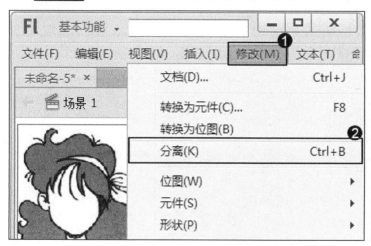

图 4-38

图 4-39

智慧锦囊

当对一个群组对象或多个整体对象进行分离时，需要执行多次分离操作才能将它们完全的分离。

4.6.3 排列对象

在 Flash CS6 中，用户可以根据工作需要，将对象按一定方式排列起来，下面详细介绍排列对象的操作方法。

第1步 打开 Flash 文档，选择准备排列的多个图形对象，如图 4-40 所示。

第2步 在【对齐】面板中，①选中【与舞台对齐】复选框；②单击【垂直对齐】按钮，如图 4-41 所示。

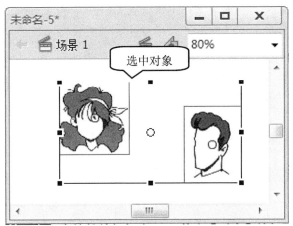

图 4-40

图 4-41

第3步 通过以上方法即可完成排列对象的操作，如图 4-42 所示。

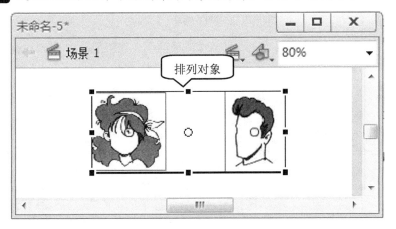

图 4-42

4.7　实践案例与上机指导

通过本章的学习，读者基本可以掌握操作与编辑对象方面的知识，下面通过练习操作，以达到巩固学习和拓展提高的目的。

4.7.1　绘制贺卡

在 Flash 创建动画的过程中，用户可以通过对文本或者图形的编辑绘制贺卡，下面详细介绍绘制贺卡的操作方法。

素材文件　配套素材\第 4 章\素材文件\4.7.1　绘制贺卡.png
效果文件　配套素材\第 4 章\效果文件\4.7.1　绘制贺卡.fla

第1步 启动 Flash CS6，新建一个文档，在键盘上按下快捷键 Ctrl+R，将素材文件导入到舞台，然后依次执行【修改】→【变形】→【缩放】菜单命令，调整素材文件的大小和位置，如图 4-43 所示。

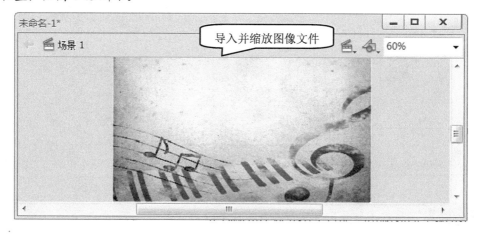

图 4-43

第2步 在【时间轴】面板中，①单击【新建图层】按钮 ；②新建一个图层，如"图层 3"，如图 4-44 所示。

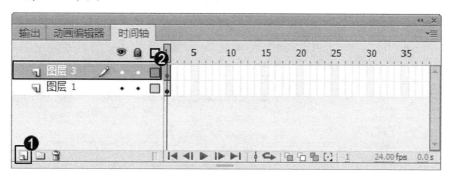

图 4-44

第3步 在新建的图层中，①单击工具箱中【文本工具】按钮 T；②在舞台中，创建文本，如"音乐贺卡"，如图 4-45 所示。

图 4-45

第4步 在键盘上连续两次按下快捷键 Ctrl+B，将文字分离出来，如图 4-46 所示。

第5步 在键盘上按住 Alt 键的同时，拖动文字至指定的位置，复制创建的文本并在【属性】面板中，设置复制文本的填充颜色，如"红色"，如图 4-47 所示。

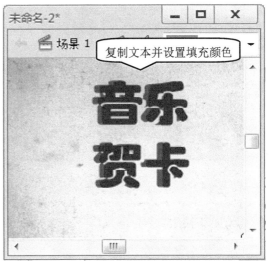

图 4-46　　　　　　　　　　　　　　　　图 4-47

第6步 填充复制的文本后，在场景中，选中准备组合的文本对象，在键盘上按下快捷键 Ctrl+G，将创建的文本与复制的文本组合在一起，如图 4-48 所示。

第7步 组合文本后，①在工具箱中，单击【任意变形工具】按钮；②在舞台中，对组合的对象进行倾斜操作，如图 4-49 所示。

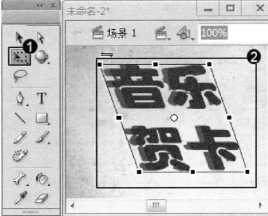

图 4-48　　　　　　　　　　　　　　　　图 4-49

第8步 倾斜文本后，①在工具箱中，单击【任意变形工具】按钮；②在舞台中，对组合的对象进行旋转操作，如图 4-50 所示。

第9步 通过以上方法即可完成制作贺卡的操作，如图 4-51 所示。

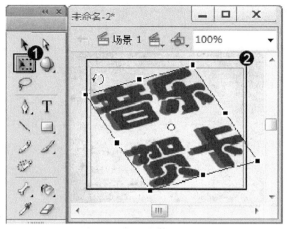

图 4-50

图 4-51

4.7.2 绘制五角星

通过本章的学习，用户可以使用本章的知识点绘制出一个五角星，下面详细介绍绘制五角星的操作方法。

 素材文件 无

效果文件 配套素材\第 4 章\效果文件\4.7.2 绘制五角星.fla

第1步 启动 Flash CS6，新建一个文档，①在工具箱中，单击【线性工具】按钮 ＼；②在舞台中，绘制一条直线，如图 4-52 所示。

第2步 绘制直线后，①在工具箱中，单击【选择工具】按钮 ▸；②在键盘上按住 Alt 键的同时，拖动绘制的直线至指定的位置，复制创建的直线，如图 4-53 所示。

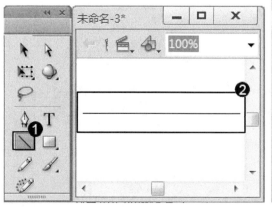

图 4-52

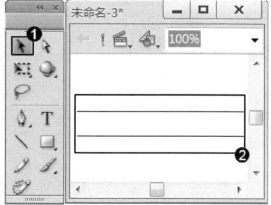

图 4-53

第3步 复制直线后，选择该直线，①在菜单栏中，选择【修改】菜单项；②在弹出的下拉菜单中，选择【变形】菜单项；③在弹出的下拉菜单中，选择【缩放和旋转】菜单项，如图 4-54 所示。

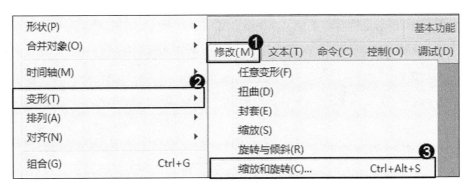

图 4-54

第4步 弹出【缩放和旋转】对话框，①在【旋转】文本框中，输入直线旋转的角度，如"36"；②单击【确定】按钮，如图 4-55 所示。

第5步 此时，在舞台中，复制的直线已经按照一定角度旋转，然后拖动旋转的直线至指定位置，如图 4-56 所示。

图 4-55

图 4-56

第6步 选择旋转后的直线，运用上述方法继续复制并旋转其他直线，然后拖动旋转后的直线至指定位置，得到五角星的最终效果，如图 4-57 所示。

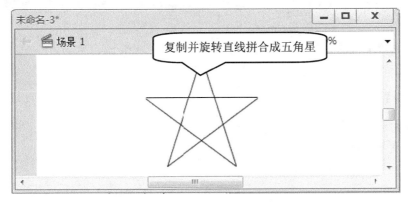

图 4-57

第7步 选择创建的所有直线，在键盘上按下快捷键 Ctrl+G，将创建的直线组合在一起，通过以上方法即可完成绘制五角星的操作，如图 4-58 所示。

图 4-58

4.8 思考与练习

一、填空题

1. 在 Flash CS6 中，选择对象的工具包括_____、_____和_____等。

2. 使用_____与_____，有助于用户调整视图，更好地查看对象。

3. 在创建动画的过程中，用户可以通过_____、_____和_____等方法对图形对象进行变形，从而更加完善编辑中的图形对象。

4. 合并对象可以改变图形的形状，其中包括_____、_____、打孔和_____等操作内容。

二、判断题

1. 使用【联合】命令，用户可以将两个或多个形状合成三个形状。 （ ）

2. 在 Flash CS6 中，缩放对象可以改变对象的大小。 （ ）

3. 在 Flash CS6 中，交集是指两个或两个以上的图形，重叠的部分被剪裁，而其余部分被保留的过程。 （ ）

4. 打孔用于删除选定绘制对象的某些部分，这些部分是该对象与另一个重叠对象的公共部分。 （ ）

三、思考题

1. 如何扭曲对象？

2. 如何裁切对象？

第 5 章

应用元件、实例和库

本章要点

- 什么是元件与实例
- 创建元件
- 引用元件——实例操作
- 库的管理

本章主要内容

本章主要介绍了什么是元件和创建元件方面的知识与技巧，同时还讲解了引用元件——实例操作和库的管理方面的知识，在本章的最后还针对实际的工作需求，讲解了绘制手提包和制作菜单按钮的方法。通过本章的学习，读者可以掌握应用元件、实例和库方面的知识，为深入学习 Flash CS6 知识奠定基础。

5.1 什么是元件与实例

元件和实例是组成动画的基本元素，通过综合使用不同的元件，可以制作出丰富多彩的动画效果，在 Flash CS6 中，元件是在制作 Flash 动画时创建的对象，实例是指位于舞台或嵌套在另一个元件内的元件副本，本节将详细介绍是元件与实例方面的知识。

5.1.1 使用元件对文件数量的影响

元件是在 Flash 中创建的图形、按钮或影片剪辑，在 Flash 中元件只需创建一次，然后就可以在整个动画中反复地使用而不增加文件的大小，元件可以是静态的图形，也可以是连续的动画，甚至还可以将动作脚本添加到元件中去，以便对元件进行重复的使用。

使用元件可以减小文件量，在 Flash 里面一些相同的元素、动画都可以做到元件里，这样直接复制元件就能复制整段动画，基本不增加文件大小。

5.1.2 修改元件对实例产生的影响

实例来源于元件，如果元件被修改，则舞台上所有该元件衍生的实例也将发生变化，舞台上的任何实例都是元件衍生的，如果元件被删除，则舞台上所有由该元件衍生的实例也将被删除。但要注意的是，元件的删除是不可撤销的操作，所以删除元件时要慎重考虑。

5.1.3 修改实例对元件产生的影响

实例是元件的复制品，一个元件可以产生多个实例，这些实例可以是相同的，也可以是通过分别编辑后得到的各种对象。

对实例的编辑只影响该实例本身，而不会影响到元件以及其他由该元件生成的实例，也就是说，对实例进行缩放、效果变化等操作，不会影响到元件本身。

5.1.4 元件与实例的区别

元件和实例两者相互联系，但两者又不完全相同。

首先，元件决定了实例的基本形状，这使得实例不能脱离元件的原形而进行无规则的变化，一个元件可以与多个实例相联系，但每个实例只能对应于一个确定的元件。

其次，一个元件的多个实例可以有一些自己的特别属性，这使得和同一元件对应的各个实例可以变得各不相同，实现了实例的多样性，但无论怎样变，实例在基本形状上是一致的，这一点是不可以改变的。

最后，元件必须有与之相对应的实例存在才有意义，如果一个元件在动画中没有相对应的实例存在，那么这个元件就是多余的。

5.2　创 建 元 件

在 Flash CS6 中，元件是制作 Flash 动画过程中创建的对象，元件可以是图形、按钮或影片剪辑，并且可以在当前 Flash 文件或其他 Flash 文件中重复使用，本节将详细介绍创建元件方面的知识。

5.2.1　什么是元件

在 Flash CS6 中，元件是可反复取出使用的图形、按钮或一段小动画，元件中的小动画可以独立于动画进行播放，每个元件可由多个独立的元素组合而成，元件创建完成后，可以在当前 Flash 文档或其他 Flash 文档中重复使用，元件可以包含从其他应用程序中导入的插图元素。

5.2.2　元件的类型

创建元件时需要选择元件类型，这取决于在文档中如何使用该元件，Flash 元件包括图形元件、按钮元件和影片剪辑元件三类，下面介绍元件的类型方面的知识。

> 图形元件：图形元件可用于静态图像，并用来创建连接时间轴的可重用动画片段，图形元件与时间轴同步运行。

> 按钮元件：按钮元件可以创建响应鼠标单击、滑过或其他动作的交互式按钮，可以定义与各种按钮状态关联的图形。

> 影片剪辑元件：影片剪辑元件可以创建重用的动画片段，影片剪辑包含交互式控件、声音以及其他影片剪辑，也可以将影片剪辑放在按钮元件的时间轴内创建动画按钮。

5.2.3　创建图形元件

在 Flash CS6 中，图形元件主要用于创建动画中的静态图像或动画片段，交互式控件和声音，在图形元件动画序列中不起任何作用，下面详细介绍创建图形元件的操作方法。

第1步　启动 Flash CS6，新建文档，①在菜单栏中，选择【插入】菜单项；②在弹出的下拉菜单中，选择【新建元件】菜单项，如图 5-1 所示。

第2步　弹出【创建新元件】对话框，①在【名称】文本框中，输入新元件名称；②在【类型】下拉列表中，选择【图形】选项；③单击【确定】按钮，如图 5-2 所示。

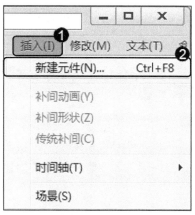

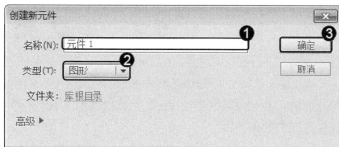

图 5-1   图 5-2

第3步 在键盘上按下快捷键 Ctrl+G，导入一个外部图像至元件的编辑区域中，如图 5-3 所示。

第4步 此时，在【库】面板中即可显示创建的图形元件，通过以上步骤即可完成创建图形元件的操作，如图 5-4 所示。

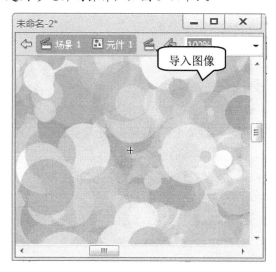

图 5-3   图 5-4

 智慧锦囊

在 Flash CS6 中，在键盘上按下快捷键 Ctrl + F8，在弹出的【创建新元件】对话框中，同样可以创建元件。

5.2.4 创建影片剪辑元件

在 Flash CS6 中，影片编辑元件可以创建可重复使用的动画片段，影片剪辑类似一个小动画，有自己的时间轴，可以独立于主时间轴播放，下面详细介绍创建影片剪辑元件的操作方法。

第1步　启动 Flash CS6，新建文档，①在菜单栏中，选择【插入】菜单项；②在弹出的下拉菜单中，选择【新建元件】菜单项，如图 5-5 所示。

第2步　弹出【创建新元件】对话框，①在【名称】文本框中，输入新元件的名称；②在【类型】下拉列表中，选择【影片剪辑】选项；③单击【确定】按钮，如图 5-6 所示。

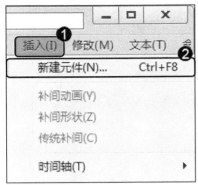

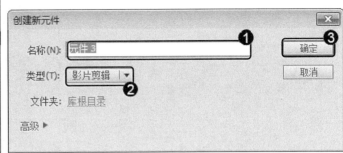

图 5-5　　　　　　　　　　　　　　　　　　　图 5-6

第3步　在舞台中，①使用【矩形工具】绘制一个矩形；②在【时间轴】面板上，选中第 15 帧，按下快捷键 F6，插入一个关键帧，如图 5-7 所示。

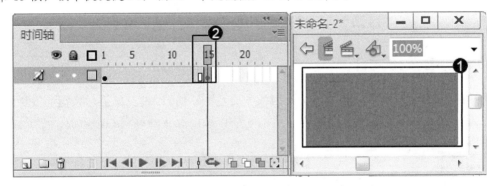

图 5-7

第4步　插入关键帧后，将绘制的矩形删除，单击【椭圆形工具】按钮 ◯，在舞台上绘制一个圆形，如图 5-8 所示。

图 5-8

第5步 右键单击第 1 帧至第 15 帧中的任意一帧，在弹出的快捷菜单中，选择【创建补间形状】选项，如图 5-9 所示。

第6步 此时，在【库】面板中，单击【播放】按钮 ▶，即可播放影片剪辑元件，通过以上方法即可完成创建影片剪辑元件的操作，如图 5-10 所示。

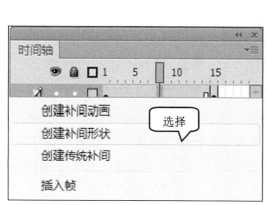

图 5-9

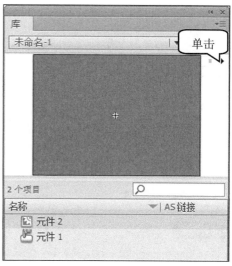

图 5-10

5.2.5 创建按钮元件

在 Flash CS6 中，按钮元件实际上是四帧的交互影片剪辑，前三帧显示按钮的三种状态，第四帧定义按钮的活动区域，是对指针运动和动作做出反应并跳转到相应的帧，下面详细介绍创建按钮元件的操作方法。

第1步 启动 Flash CS6，新建文档，①在菜单栏中，选择【插入】菜单项；②在弹出的下拉菜单中，选择【新建元件】菜单项，如图 5-11 所示。

第2步 弹出【创建新元件】对话框，①在【名称】文本框中，输入新元件名称；②在【类型】下拉列表中，选择【按钮】选项；③单击【确定】按钮，如图 5-12 所示。

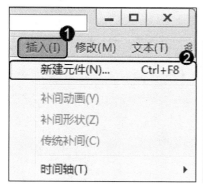

图 5-11

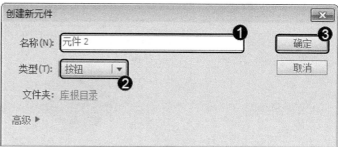

图 5-12

第3步 在【时间轴】面板中，①单击【弹起】帧；②在舞台中，绘制一个图形，如图 5-13 所示。

图 5-13

第4步 在【时间轴】面板中，①单击【指针经过】帧，然后在键盘上按下快捷键 F6，插入一个关键帧；②在舞台中，改变绘制图形的颜色，如图 5-14 所示。

图 5-14

第5步 在【时间轴】面板中，①单击【按下】帧，然后在键盘上按下快捷键 F6，插入一个关键帧；②在舞台中，改变绘制图形的颜色，如图 5-15 所示。

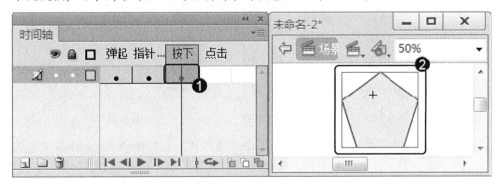

图 5-15

第6步 此时，在【库】面板中，显示刚刚创建的按钮元件，通过以上方法即可完成创建按钮元件的操作，如图 5-16 所示。

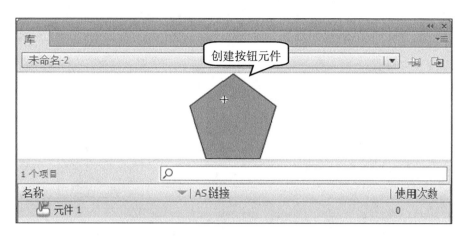

图 5-16

5.2.6　将元素转换为图形元件

在 Flash CS6 中，还可以先绘制元素，然后将元素转换为图形元件，下面详细介绍将元素转换为图形元件的操作方法。

第1步　启动 Flash CS6 并新建文档，①在工具箱中，选择【椭圆工具】按钮 ◯；②在舞台中绘制一个圆形，如图 5-17 所示。

第2步　选中对象，①在菜单栏中，选择【修改】菜单项；②在弹出的下拉菜单中，选择【转换为元件】菜单项，如图 5-18 所示。

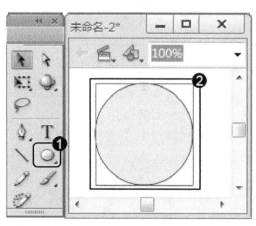

图 5-17

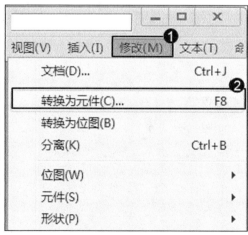

图 5-18

第3步　弹出【转换为元件】对话框，①在【名称】文本框中，输入准备使用的元件名称；②在【类型】下拉列表框中，选择【图形】选项；③单击【确定】按钮，如图 5-19 所示。

第4步　此时，在舞台中，被选取的元素已经转换为图形元件，在【库】面板中即可看到刚转换的图标，通过以上操作方法即可完成将元素转换为图形元件的操作，如图 5-20 所示。

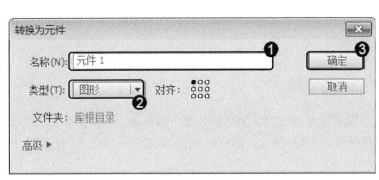

将元素转化成元件

图 5-19　　　　　　　　　　　　　图 5-20

5.3　引用元件——实例操作

在 Flash CS6 中，在场景中创建元件后，用户就可以将元件应用到工作区中，当元件拖动到工作区中后，就转变为"实例"，一个元件可以创建多个实例，而且每个实例都有各自的属性，本节将详细介绍引用元件——实例操作方面的知识。

5.3.1　实例的转换类型

在 Flash CS6 中，实例的类型是可以相互转换的，在【属性】面板中，用户可以通过【按钮】、【图形】和【影片剪辑】3 种类型进行实例的转换，当转化实例类型后，【属性】面板也会进行相应的变化，如图 5-21 所示。

图 5-21

下面详细介绍在【实例】属性面板中，这 3 种类型的知识点及其相应的变化。

➢ 【按钮】：选择【按钮】后，在【交换】按钮的后面会出现下拉列表。

➢ 【图形】：在选择图像后，【交换】按钮旁会出现播放模式下拉列表。

➢ 【影片剪辑】：在选择影片剪辑元件后，会出现文本框实例名称。在其中可以为实例添加名称，方便下次使用。

5.3.2 设置实例的颜色和透明效果

在 Flash CS6 中，每个元件实例都可以有自己的色彩效果，当在特定帧内改变实例的颜色和透明度时，Flash CS6 会在播放该帧时立即进行更改。下面详细介绍设置实例的颜色和透明效果的操作方法。

在【属性】面板中，单击展开【样式】下拉列表，可以设置元件的颜色和透明度，如图 5-22 所示。

图 5-22

下面介绍在【样式】下拉列表框中，各个选项的知识点。

➢ 【无】：表示什么颜色都没有。

➢ 【亮度】：可以设置实例的亮度，范围是 0～100%，数值大于 0 变亮，小于 0 变暗，可以直接输入数字或拖曳变量滑块进行调节。

➢ 【色调】：可以为具有相同色调的实例着色。

➢ 【高级】：可以同时调整透明度和 RGB 的颜色。

➢ Alpha：用于设置实例的透明度，数值越小越透明，数值为 0 时，实例消失，数值为 100%时，实例则不透明。

5.3.3　替换实例引用的元件

在 Flash CS6 中，如果需要替换实例所引用的元件，但保留所有的原始实例属性，可以通过 Flash 的"交换元件"命令来实现，下面详细介绍替换实例引用元件的操作方法。

第 1 步　在舞台中，①选择准备替换的实例；②在【属性】面板中，单击【交换】按钮，如图 5-23 所示。

图 5-23

第 2 步　弹出【交换元件】对话框，①选中准备替换的元件，如"字体"；②单击【确定】按钮，如图 5-24 所示。

第 3 步　通过以上方法即可完成替换实例引用元件的操作，如图 5-25 所示。

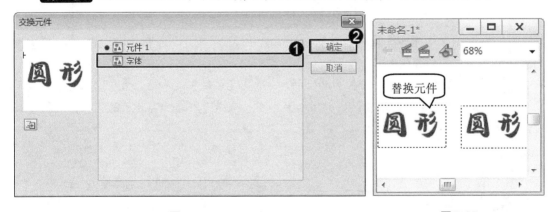

图 5-24　　　　　　　　　　　　　　　图 5-25

5.3.4　分离实例

在 Flash CS6 中，要将实例和元件之间的链接断开，用户可以通过分离实例的方法来分离，将实例分离后即可对实例进行修改，下面详细介绍分离实例的操作方法。

第 1 步　在舞台中，选择准备分离的实例后，①在菜单栏中，选择【修改】菜单项；②在弹出的下拉菜单中，选择【分离】菜单项，如图 5-26 所示。

第 2 步 将实例分离为图形，即填充色和线条的组合，这样即可对分离的实例进行设置填充颜色，改变图形填充色的操作，如图 5-27 所示。

图 5-26   图 5-27

智慧锦囊

分离实例仅仅是分离实例本身，而不影响其他元件，分离实例后对其元件进行修改，被分离的元件就会随之更新。

5.3.5 调用其他影片中的元件

有的时候为了工作的需要，需要调用其他影片中的元件，为己所用，下面详细介绍调用其他影片中元件的操作方法。

第 1 步 启动 Flash CS6，在菜单栏中，①选择【文件】菜单项；②在弹出的下拉菜单中，选择【导入】菜单项；③在弹出的下拉菜单中，选择【打开外部库】菜单项，如图 5-28 所示。

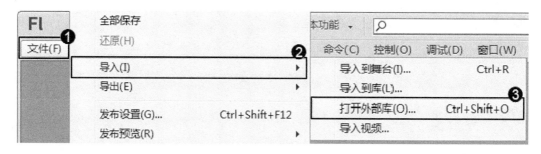

图 5-28

第 2 步 弹出【作为库打开】对话框，①选择准备调用的影片；②单击【打开】按钮，如图 5-29 所示。

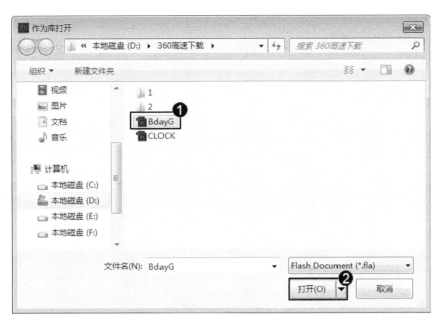

图 5-29

第3步　此时，在窗口中自动弹出该影片的【库】面板，①在【库】面板中，选择相应的元件；②将其拖曳到其他文档的舞台中即可调用其他影片中的元件，如图 5-30 所示。

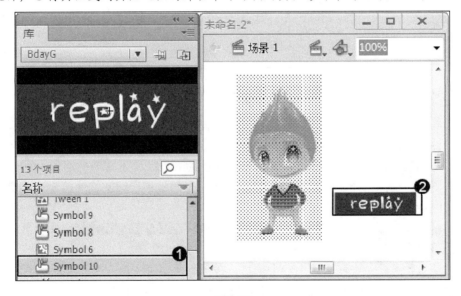

图 5-30

5.4　库的管理

在 Flash CS6 中，【库】面板可以组织文件夹中的库项目，查看项目在文档中使用的频率，并按类型对项目排序，本节将重点介绍库的管理方面的知识。

5.4.1　库面板的组成

在 Flash CS6 中，利用【库】面板，用户可以对库中的资源进行管理，下面详细介绍【库】面板的组成，如图 5-31 所示。

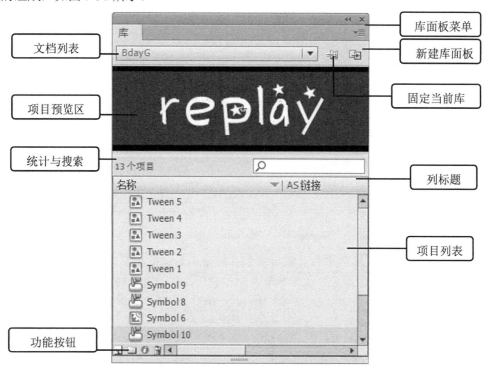

文档列表　项目预览区　统计与搜索　功能按钮

库面板菜单　新建库面板　固定当前库　列标题　项目列表

图 5-31

> 库面板菜单：单击该按钮，弹出【库】面板菜单，包括【新建元件】、【新建文件夹】、【新建字形】等命令。

> 文档列表：单击该按钮，可显示打开文档的列表，用于切换文档库。

> 固定当前库：用于切换文档的时候，【库】面板不会随文档的改变而改变，而是固定显示指定文档。

> 新建库面板：单击该按钮，可以同时打开多个【库】面板，每个面板显示不同文档的库。

> 项目预览区：在库中选中一个项目，在项目预览区中就会有相应的显示。

> 统计与搜索：该区域左侧是一个项目计算器，用于显示当前库中所包含的项目数，在右侧文本框中输入项目关键字，快速锁定目标项目。

> 列标题：在列标题中，包括"名称"、"链接"、"使用次数"、"修改日期"、"类型"五项信息。

> 项目列表：罗列出指定文档下的所有资源项目，包括插图、元件、音频等，从名称前面的图标可快速地识别项目类型。

> 功能按钮：包含不同的功能，单击任意按钮显示的功能则不同。

5.4.2　创建库元素

在【库】面板中，用户可选择的文件类型有【图形】、【按钮】、【影片剪辑】、【媒体声音】、【视频】、【字体】和【位图】等，前面的 3 种是在 Flash 中产生的元件，后面 4 种则是导入素材后产生的，下面详细介绍创建库元素的操作方法。

在【库】面板中，单击右上角的【库面板菜单】按钮，在弹出的快捷菜单中，选择【新建元件】选项，即可创建库元素，如图 5-32 所示。

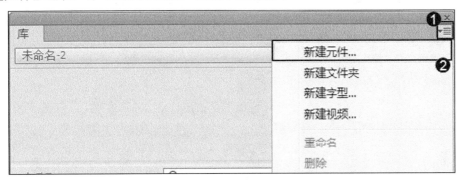

图 5-32

5.4.3　调用库文件

使用库中的对象非常简单，只需要将所需的对象拖曳到舞台中，可以从预览窗口中拖曳，也可以从文件列表中拖曳，如图 5-33 所示。

图 5-33

5.4.4 使用公用库

Flash CS6 中附带的范例库资源称为公用库，用户可利用公用库，向文档中添加按钮或声音，还可以创建自定义公用库，然后与创建的任何文档一起使用，下面介绍使用公用库的操作方法。

在菜单栏中，选择【窗口】→【公用库】菜单项，在弹出的子菜单中，包括 Buttons、Classes 和 Sounds 选项，选择相应的选项即可进入对应的公共库，如图 5-34 所示。

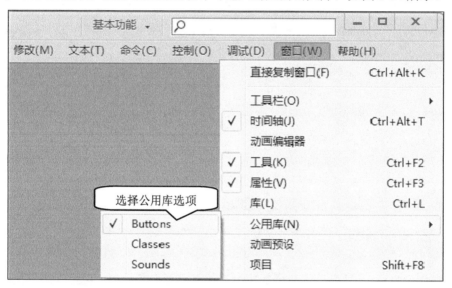

图 5-34

单击需要的公用库选项，如"Buttons"，拖曳其中的资源到目标文本中，即可使用公用库创建实例，如图 5-35 所示。

图 5-35

5.5 实践案例与上机指导

通过本章的学习，读者基本可以掌握应用元件、实例和库方面的知识，下面通过练习操作，以达到巩固学习和拓展提高的目的。

5.5.1 绘制手提包

通过运用工具箱中的工具，以及 Flash 中的命令，可以绘制一个时尚的手提包。下面详细介绍其操作方法。

素材文件 配套素材\第 5 章\效果文件\5.5.1 绘制手提包.psd
效果文件 配套素材\第 5 章\效果文件\5.5.1 绘制手提包.fla

第1步 启动 Flash CS6，新建一个文档，①在工具箱中，单击【矩形工具】按钮 ▢；②在舞台上绘制一个矩形，如图 5-36 所示。

第2步 在工具箱中，①单击【任意变形工具】按钮 ▨；②在舞台上调整矩形的扭曲角度，如图 5-37 所示。

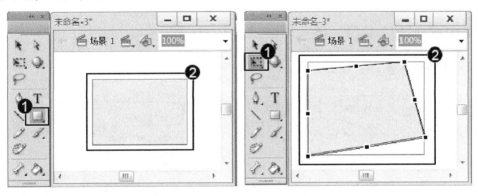

图 5-36   图 5-37

第3步 运用以上方法，在舞台上再绘制一个矩形并调整矩形形状，如图 5-38 所示。

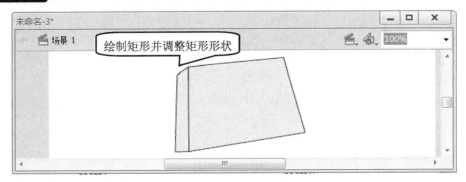

图 5-38

第4步 在工具箱中，①单击【基本椭圆工具】按钮◯；②在【属性】面板中，设置【椭圆选项】选项区中的各项参数；③在舞台上绘制一个椭圆环图形，如图 5-39 所示。

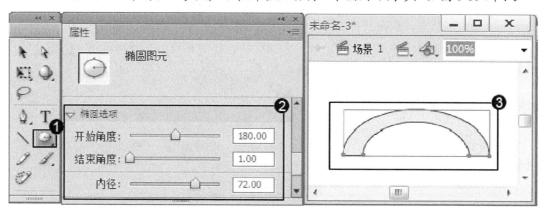

图 5-39

第5步 将绘制的椭圆环拖动至指定的位置，并调节椭圆环的形状，按下组合键 Ctrl+Shift+↓，将绘制的椭圆环排列在底层，得到如图 5-40 所示的效果。

第6步 在键盘上按下 Alt 键的同时，拖动鼠标复制创建的椭圆环图形，并调节椭圆环的形状，按下组合键 Ctrl+Shift+↑，将复制的椭圆环排列在顶层，得到如图 5-41 所示的效果。

图 5-40

图 5-41

第7步 在键盘上按下快捷键 Ctrl+R，将本书附赠的素材文件，如 "5.5.1 绘制手提包.psd" 导入到舞台中，拖动至指定位置并调整其大小，通过以上方法即可完成绘制手提包的操作，绘制效果如图 5-42 所示。

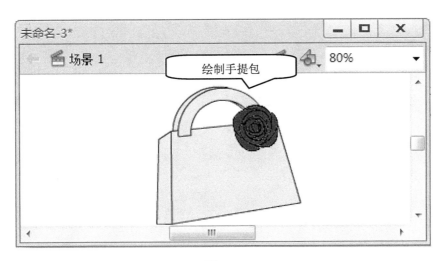

图 5-42

5.5.2　制作菜单按钮

元件和实例是动画最基本的元素之一，利用按钮元件可以创建按钮，下面详细介绍制作菜单按钮的操作方法。

素材文件　配套素材\第 5 章\素材文件\5.5.2　绘制菜单按钮.jpg
效果文件　配套素材\第 5 章\效果文件\5.5.2　绘制菜单按钮.fla

第 1 步　新建一个文档，①在菜单栏中，选择【文件】菜单项；②在弹出的下拉菜单中，选择【导入】菜单项；③在弹出的下拉菜单中，选择【导入到库】菜单项，如图 5-43 所示。

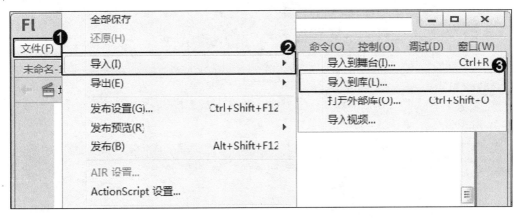

图 5-43

第 2 步　弹出【导入到库】对话框，①选择素材背景图；②单击【打开】按钮，将图形导入到【库】面板中，如图 5-44 所示。

图 5-44

第 3 步 在【库】面板中，选中导入的背景图，将其拖曳到舞台上，如图 5-45 所示。

图 5-45

第 4 步 在【时间轴】面板上，①单击【新建图层】按钮 ；②创建一个新图层，如图 5-46 所示。

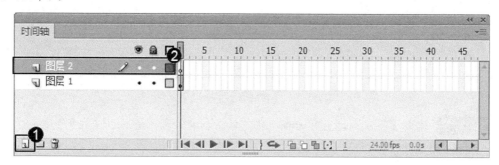

图 5-46

第5步　创建新图层，①在工具箱中，单击【矩形工具】按钮 ；②在舞台上绘制一个矩形并调整其旋转角度，如图 5-47 所示。

图 5-47

第6步　选中创建的矩形，在键盘上按下 F8 键，弹出【转换为元件】对话框，①在对话框中，输入元件名称；②在【类型】下拉列表框中，选择【按钮】选项；③单击【确定】按钮，如图 5-48 所示。

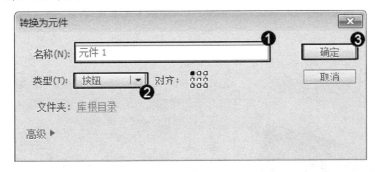

图 5-48

第7步　在【库】面板中，双击创建的按钮元件，进入元件编辑模式，如图 5-49 所示。

第8步　在【时间轴】面板上，单击【指针经过】帧，按下 F6 键插入关键帧，如图 5-50 所示。

图 5-49

图 5-50

第9步 插入关键帧后，①单击【按下】帧，按下 F6 键插入关键帧；②在工具箱中，单击【颜料桶工具】按钮 ；③在图形上单击，改变矩形的颜色，如图 5-51 所示。

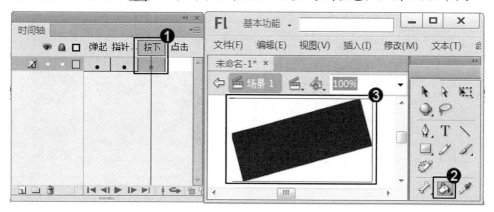

图 5-51

第10步 在舞台中，单击【场景 1】选项返回至场景中，如图 5-52 所示。

第11步 返回至场景后，①在工具栏中，单击【文本工具】按钮 ；②在图像上输入文字，如"喵星人"，如图 5-53 所示。

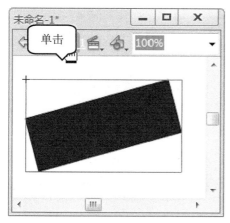

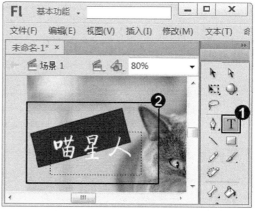

图 5-52

图 5-53

第12步 在工具箱中，①单击【任意变形工具】按钮 ；②旋转文字，如图 5-54 所示。

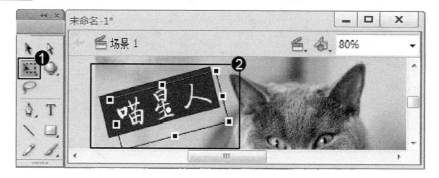

图 5-54

第13步 在菜单栏中，依次选择【控制】→【测试影片】→【测试】菜单项，如图 5-54 所示。

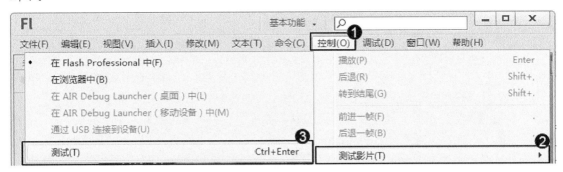

图 5-55

第14步 测试动画效果，通过以上方法即可完成制作菜单按钮的操作，如图 5-56 所示。

图 5-56

 智慧锦囊

在 Flash CS6 中，在键盘上按下快捷键 Ctrl+Enter，用户同样可以快速测试制作的影片。

5.6　思考与练习

一、填空题

1. ＿＿＿＿＿是组成动画的基本元素，通过综合使用不同的元件，可以制作出丰富多彩的_____，在 Flash CS6 中，_____是在制作 Flash 动画时创建的对象，_____是指位于舞台或嵌套在另一个元件内的元件副本。

2. _____是元件的复制品，一个元件可以产生_____，这些实例可以是_____，也可以是通过分别编辑后得到的_____。

3. 在 Flash CS6 中，_____是可反复取出使用的图形、按钮或一段小动画，元件中的小动画可以_____进行播放，每个元件可由多个独立的元素组合而成，元件创建完成后，可以在_____或其他 Flash 文档中重复使用，元件可以包含从其他应用程序中导入的_____。

4. 在【库】面板中，用户可选择的文件类型有_____、【按钮】、【影片剪辑】、【媒体声音】、_____、【字体】和【位图】等，前面的_____种是在 Flash 中产生的元件，后面_____种则是导入素材后产生的。

二、判断题

1. 元件和实例两者相互联系，但两者又不完全相同。 ( )

2. Flash 元件包括图形元件、按钮元件和影片剪辑元件、动态元件四类。 ( )

3. 在 Flash CS6 中，按钮元件实际上是四帧的交互影片剪辑，前三帧显示按钮的三种状态，第四帧定义按钮的活动区域，是对指针运动和动作做出反应并跳转到相应的帧。 ( )

4. 在 Flash CS6 中，影片剪辑元件可以创建可重复使用的动画片段，影片剪辑类似一个小动画，有自己的时间轴，但不可以独立于主时间轴播放。 ( )

三、思考题

1. 如何分离实例？
2. 如何创建库元素？

第 6 章

外部图片、视频和声音的应用

本章主要内容

　　本章主要介绍了导入图片文件方面的知识与技巧，同时还讲解了应用外部视频和使用外部声音方面的知识，在本章的最后还针对实际的工作需求，讲解了导入 GIF 格式文件和默认压缩声音的方法。通过本章的学习，读者可以掌握应用外部图片、视频和声音方面的知识，为深入学习 Flash CS6 知识奠定基础。

6.1 导入图片文件

在制作 Flash 动画的过程中，用户可以根据编辑的需要在 Flash CS6 中导入各种格式的图片文件，本节将详细介绍导入图片文件方面的知识。

6.1.1 可导入图片素材的格式

一个 Flash 影片是由一个个的画面组成，而每个画面又是由一张张图片构成，可以说，图片是构成动画的基础。

在 Flash CS6 中，用户可以导入的图片格式有 JPG、GIF、BMP、WMF、EPS、DXF、EMF、PNG 等。通常情况下，推荐使用矢量图形，如 WMF、EPS 等格式的文件。

根据图像显示原理的不同，图形可以分为位图和矢量图。

位图，是指用点来描述的图形，如 JPG、BMP 和 PNG 等格式。

矢量图，是指用矢量化元素描绘的图形，如在 Flash 中用绘制的图形都是矢量图，另外，EPS 和 WMF 等格式的图像也是矢量图，如表 6-1 所示。

表 6-1　Flash CS6 可导入的文件格式

文件类型	扩展名
Adobe Illustrator	.ai
Adobe Photoshop	.psd
Auto CAD DXF	.dxf
位图	.bmp
增强的 Windows 元文件	.emf
FreeHand	.fh7、.fh8、.fh9、.fh10、.fh11
Future Splash 播放文件	.spl
GIF 和 GIF 动画	.gif
JPEG	.jpg
PNG	.png
Flash Player 6/7	.swf
Windows 元文件	.wmf

6.1.2 导入位图文件

在 Flash CS6 中，用户可以将位图导入到舞台或导入到库，以便对导入的位图进行编辑和修改，下面详细介绍导入位图文件的操作方法。

1. 导入位图文件到舞台

在 Flash CS6 中，将位图文件导入到舞台，这样可以直接对位图进行编辑，下面详细介绍导入位图文件到舞台的操作方法。

第 1 步 新建文档，①在菜单栏中，选择【文件】菜单项；②在弹出的下拉菜单中，选择【导入】菜单项；③弹出的下拉菜单中，选择【导入到舞台】菜单项，如图 6-1 所示。

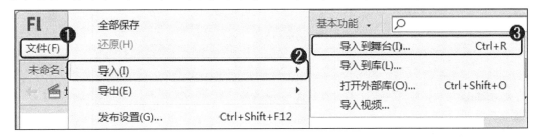

图 6-1

第 2 步 在【导入】对话框中，①选择准备导入的图片；②单击【打开】按钮，如图 6-2 所示。

第 3 步 此时在舞台中显示导入的位图图像，通过以上步骤即可完成在舞台中导入位图文件的操作，如图 6-3 所示。

图 6-2

图 6-3

2. 导入位图文件到库

在 Flash CS6 中，用户还可以将文件导入到库，以便在【库】面板中编辑导入的图像，下面详细介绍导入位图文件到库的操作方法。

第 1 步 新建文档，①在菜单栏中，选择【文件】菜单项；②在弹出的下拉菜单中，选择【导入】菜单项；③在弹出的下拉菜单中，选择【导入到库】菜单项，如图 6-4 所示。

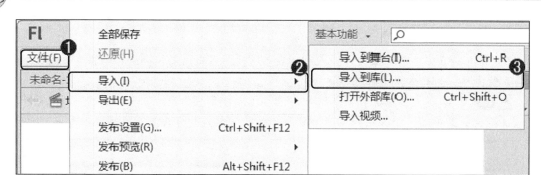

图 6-4

第2步 弹出【导入到库】对话框中，①选择准备导入的图片；②单击【打开】按钮，如图 6-5 所示。

第3步 此时在【库】面板中显示导入的位图图像，通过以上方法即可完成将位图文件导入到【库】面板的操作，如图 6-6 所示。

图 6-5   图 6-6

6.1.3 将位图转换为矢量图

在 Flash 动画制作的过程中，用户可以将位图转换为矢量图，以便很好地制作出各种位图转换为矢量图的效果，下面详细介绍将位图转换为矢量图的操作方法。

第1步 新建文档，在舞台中导入一张位图，选中位图，①在菜单栏中，选择【修改】菜单项；②在弹出的下拉菜单中，选择【位图】菜单项；③在弹出的下拉菜单中，选择【转换位图为矢量图】菜单项，如图 6-7 所示。

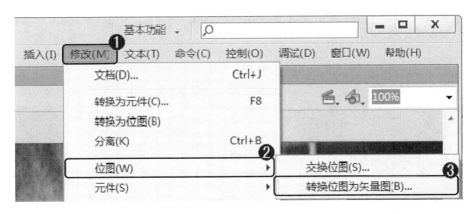

图 6-7

第 2 步 弹出【转换位图为矢量图】对话框，①设置各项参数；②单击【确定】按钮，如图 6-8 所示。

第 3 步 通过以上方法即可完成将位图转换为矢量图的操作，如图 6-9 所示。

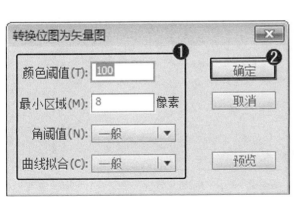

图 6-8

图 6-9

知识精讲

在【转换位图为矢量图】对话框中，在【颜色阈值】文本框中，用户可以设置转换颜色范围，数值越低，颜色转换越丰富；在【最小区域】文本框中，用户可以设置转换图形的精确度。数值越低，精确度越高；在【曲线拟合】下拉列表框中，用户可以设置曲线的平滑度；在【角阈值】下拉列表框中，用户可以设置图像上尖角转换的平滑度。

6.1.4　在【库】面板中编辑导入位图的属性

在 Flash CS6 中，用户可以在【库】面板中编辑导入位图的属性，以便得到满意的效果，下面详细介绍在【库】面板中编辑导入位图属性的操作方法。

第1步 在【库】面板中，右击编辑的位图图像，在弹出的快捷菜单中，选择【编辑方式】菜单项，如图 6-10 所示。

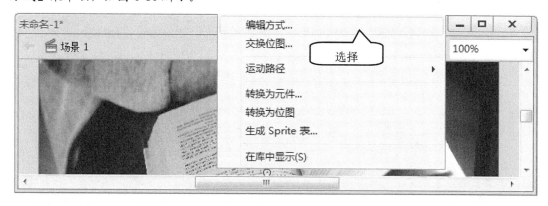

图 6-10

第2步 弹出【选择外部编辑器】对话框，在对话框中，选择准备使用的编辑软件，这样即可进入该软件进行相应的编辑，编辑完成后，保存图像并关闭软件即可完成位图的编辑，如图 6-11 所示。

图 6-11

6.2 应用外部视频

在 Flash CS6 中，用户不但可以导入矢量图形和位图，还可以导入视频，视频的导入可以使 Flash 作品更加生动、精彩，本节将详细介绍应用外部视频方面的知识。

6.2.1　Flash CS6 支持的视频类型

Flash CS6 支持的视频类型会因电脑配置的不同而不同，如果机器上已经安装了QuickTime 7 及其以上版本，则在导入嵌入视频时，支持包括 MOV(QuickTime 影片)、AVI(音频视频交叉文件)和 MPG/MPEG 等格式的视频剪辑，如表 6-2 所示。

表 6-2　Flash 支持的视频类型

文件类型	扩 展 名
音频视频交叉	.avi
数字视频	.dv
运动图像专家组	.mpg、.mpeg
QuickTime 影片	.mov

如果导入的视频文件是系统不支持的文件格式，Flash CS6 会显示一条警告消息。如果电脑系统安装了 Direct X9 或更高版本，则在导入嵌入视频时支持以下视频文件格式，如表 6-3 所示。

表 6-3　Flash 支持的视频类型

文件类型	扩 展 名
音频视频交叉	.avi
运动图像专家组	.mpg、.mpeg
Windows Media 文件	.wmv、.Asf

6.2.2　在 Flash 中嵌入视频

在 Flash 中常用的视频文件格式是.flv，目前主流的视频网站使用的文件格式基本是.flv的，下面详细介绍在 Flash 中嵌入视频的操作方法。

第1步 新建文档，①在菜单栏中，选择【文件】菜单项；②在弹出的下拉菜单中，选择【导入】菜单项；③在弹出的下拉菜单中，选择【导入视频】菜单项，如图 6-12 所示。

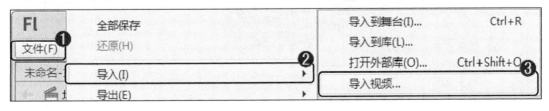

图 6-12

第2步 在弹出的【导入视频】对话框中，单击【浏览】按钮，如图 6-13 所示。

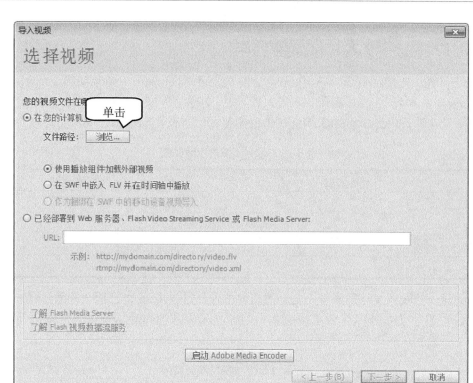

图 6-13

第 3 步 弹出【打开】对话框，①选择准备导入的视频文件；②单击【打开】按钮，如图 6-14 所示。

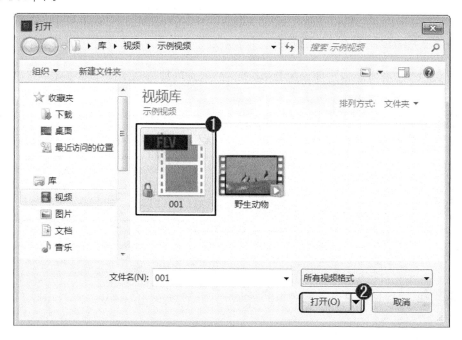

图 6-14

第4步 返回到【导入视频】对话框中，单击【下一步】按钮，如图 6-15 所示。

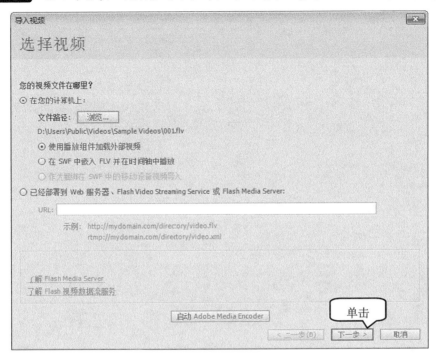

图 6-15

第5步 在【导入视频】对话框中，①在【外观】下拉列表框中，选择准备应用的播放器样式；②单击【下一步】按钮，如图 6-16 所示。

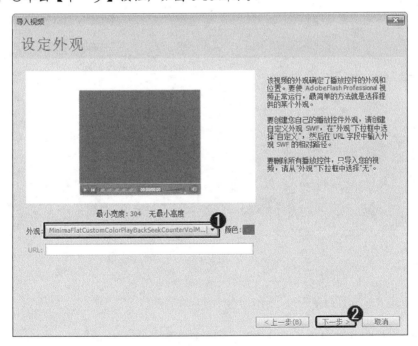

图 6-16

第6步 在【导入视频】对话框中，单击【完成】按钮，如图 6-17 所示。

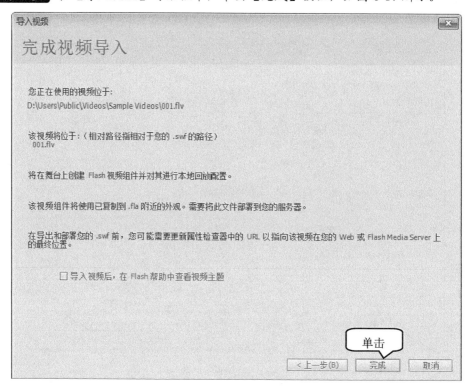

图 6-17

第7步 视频文件导入到舞台中，通过以上方法即可完成在 Flash 中嵌入视频的操作，如图 6-18 所示。

图 6-18

6.2.3 设置导入的视频文件

在 Flash 文档中导入视频后，用户可以根据需要对视频文件进行设置，下面详细介绍设置导入视频文件的操作方法。

使用【属性】面板，用户可以更改舞台上嵌入或链接视频剪辑的实例属性，还可以为实例指定名称，设置宽度、高度和舞台的坐标位置，如图 6-19 所示。

除了在视频的【属性】面板中对视频进行设置外，还可以在【库】面板中，右击视频文件，在弹出的快捷菜单中，选择【属性】菜单项进行相应的设置，如图 6-20 所示。

图 6-19

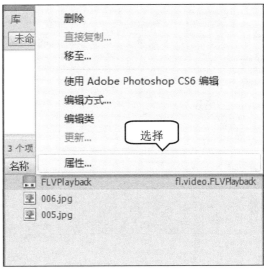

图 6-20

6.3 使用外部声音

制作一部优秀的 Flash 动画，不仅要有漂亮的画面，生动极富感染力的声音也是衡量 Flash 动画成功与否的重要因素之一，本节将详细介绍使用声音方面的知识。

6.3.1 Flash 支持的声音类型

在 Flash CS6 中，用户可以导入使用的声音素材，一般说来是 3 种格式：MP3、WAV 和 AIFF。在众多的格式里，我们应尽可能使用 MP3 格式的素材，因为 MP3 格式的素材既能够保持高保真的音效，还可以在 Flash 中得到更好的压缩效果，下面详细介绍 Flash 支持的声音类型方面的知识。

> ➤ WAV：WAV 格式的音频文件直接保存对声音波形的采样数据，数据没有经过压缩，WAV 格式的音频文件支持立体声和单道声，也可以是多种分辨率和采样率。

> ➤ AIFF：苹果公司开发的一种声音文件格式，支持 MAC 平台，支持 16 位 44kHz 立体声。

> ➤ MP3：MP3 是最熟悉的一种数字音频格式，相同长度的音频文件用 MP3 格式存储，大小一般只有 WAV 格式的 1/10，具有体积小、传输方便，拥有较好的声音质量。

6.3.2　在 Flash 库中导入声音

在 Flash CS6 中，提供多种使用声音的方式，当声音导入到文档后，将与位图、元件等一起保存在【库】面板中，下面详细介绍在 Flash 中导入声音的操作方法。

第1步 新建一个文档，在菜单栏中，①选择【文件】菜单项；②在弹出的下拉菜单中，选择【导入】菜单项；③在弹出的下拉菜单中，选择【导入到库】菜单项，如图 6-21 所示。

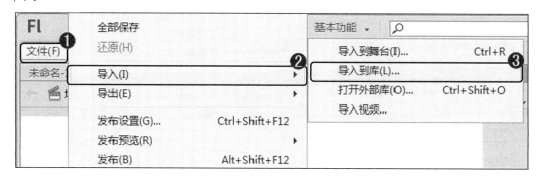

图 6-21

第2步 弹出【导入到库】对话框，①选择准备导入的音频文件；②单击【打开】按钮，如图 6-22 所示。

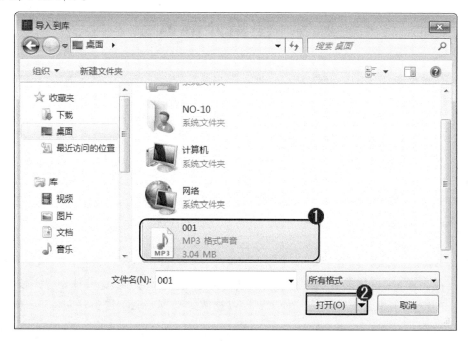

图 6-22

第3步 此时，声音文件就被导入到库中，选中库中的声音，在预览窗口就会看到声音的波形，通过以上方法即可完成在 Flash 库中导入声音的操作，如图 6-23 所示。

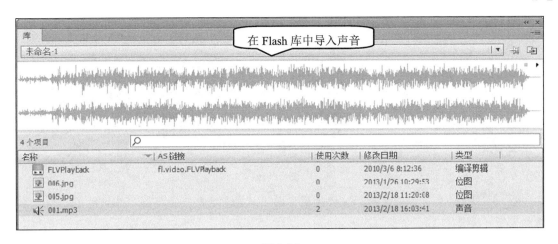

图 6-23

6.3.3　给按钮添加音效

在 Flash CS6 中，用户经常会使用到按钮，每次单击按钮的时候，如果有美妙的音乐随之响起，一定会让浏览者心情愉悦，下面详细介绍给按钮添加音效的操作方法。

第 1 步　在 Flash CS6 中导入一张图片并调整其大小及位置后，①在菜单栏中，选择【插入】菜单项；②在弹出的下拉菜单中，选择【新建元件】菜单项，如图 6-24 所示。

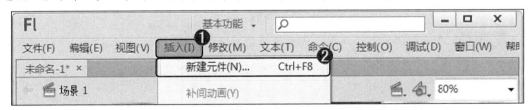

图 6-24

第 2 步　弹出【创建新元件】对话框，①在【名称】文本框中，输入新元件名称；②在【类型】下拉列表框中，选择【按钮】选项；③单击【确定】按钮，如图 6-25 所示。

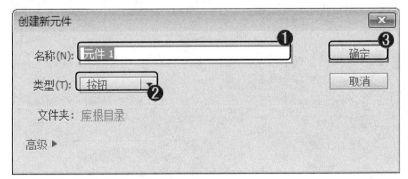

图 6-25

第 3 步　在【时间轴】面板，①选中【弹起】帧；②在工具箱中，单击【基本椭圆工具】按钮 ；③在舞台中绘制一个椭圆，如图 6-26 所示。

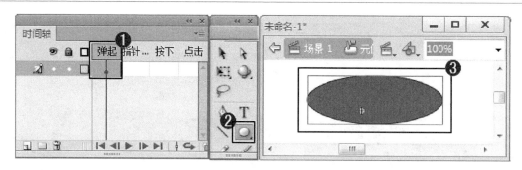

图 6-26

第4步 绘制一个椭圆后，继续使用【椭圆工具】绘制一个椭圆，并使用【文本工具】输入文字，如图 6-27 所示。

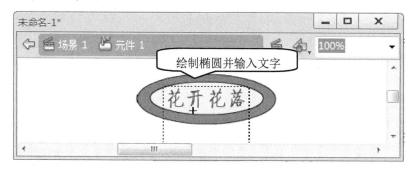

图 6-27

第5步 在【时间轴】面板上，①选中【指针经过】帧，在键盘上按下 F6 键插入关键帧；②在舞台中选中椭圆并调整其颜色，如图 6-28 所示。

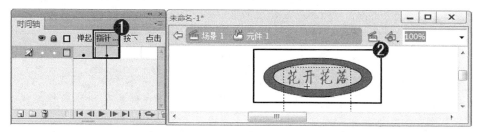

图 6-28

第6步 在【时间轴】面板上，①选中【按下】帧，按下 F6 键插入关键帧，②选中文字并调整颜色，如图 6-29 所示。

图 6-29

第7步 在【时间轴】面板上，①单击面板底部的【新建图层】按钮 ；②新建一个图层，如图 6-30 所示。

图 6-30

第8步 在菜单栏中，①选择【文件】菜单项；②在弹出的下拉菜单中，选择【导入】菜单项；③在弹出的下拉菜单中，选择【导入到库】菜单项，如图 6-31 所示。

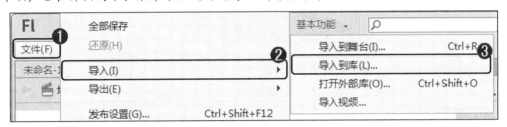

图 6-31

第9步 弹出【导入到库】对话框，①选择准备导入的声音文件；②单击【打开】按钮，将声音文件导入到库中，如图 6-32 所示。

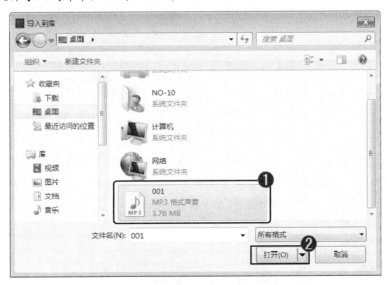

图 6-32

第10步 在【时间轴】面板中，①单击【图层2】的【按下】帧，按下 F6 键插入关键帧；②将声音文件拓展到舞台中，如图 6-33 所示。

图 6-33

第 11 步 单击舞台中的【场景 1】选项，返回到主场景中，如图 6-34 所示。

图 6-34

第 12 步 在【库】面板中，①选择创建的按钮元件；②将其拖曳到舞台中的指定位置，如图 6-35 所示。

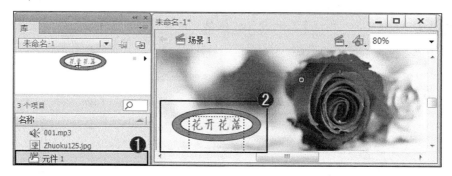

图 6-35

第 13 步 按下键盘上的快捷键 Ctrl+Enter 完成测试该影片，当鼠标指针移动到按钮上并单击，这样即可听见声音，通过以上方法即可完成给按钮添加音效，如图 6-36 所示。

图 6-36

6.3.4　设置播放效果

在 Flash CS6 中，用户可以对导入的声音进行编辑，使其具有某些特殊的效果，如声道的选择，音量的变化等，在【属性】面板中，在【效果】下拉列表中，程序提供了多种播放效果，下面介绍设置播放效果方面的知识，如图 6-37 所示。

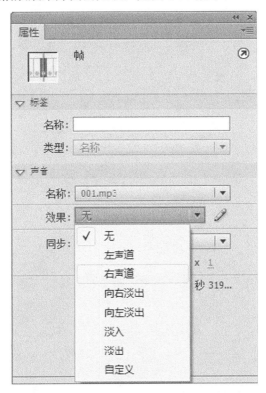

图 6-37

> ➢ 　【无】：不设置声道效果。
> ➢ 　【左声道】：控制声音在左声道播放。
> ➢ 　【右声道】：控制声音在右声道播放。
> ➢ 　【向右淡出】：降低左声道的声音，同时提高右声道的声音，控制声音从左声道过渡到右声道播放。
> ➢ 　【向左淡出】：控制声音从右声道过渡到左声道播放。
> ➢ 　【淡入】：在声音的持续时间内逐渐增强其幅度。
> ➢ 　【淡出】：在声音的持续时间内逐渐减小其幅度。
> ➢ 　【自定义】：允许创建自己的声音效果，可以从【编辑封套】对话框进行编辑。

 智慧锦囊

在【编辑封套】对话框中，可以设置相关的参数，例如，单击停止声音按钮，可以停止声音的播放；单击放大按钮，可以对声道编辑区中的波形进行放大显示。

6.3.5　使用声音属性编辑声音

在 Flash CS6 中，程序提供了编辑声音的功能，用户可以对声音进行相应地编辑，下面详细介绍使用声音属性编辑声音的操作方法。

在【属性】面板中，【同步】下拉列表框包括【事件】、【开始】、【停止】、【数据流】等选项，单击任意选项，即可进入相应的编辑状态，如图 6-38 所示。

图 6-38

> ➢　【事件】：是默认的声音同步模式，在该模式下，事先在编辑环境中选择的声音就会与事件同步，不论在何种情况下，只要动画播放到插入声音的开始帧，就开始播放声音，直至声音播放完毕为止。
> ➢　【开始】：到了该声音开始播放的帧时，如果此时有其他的声音正在播放，则会自动取消将要进行的该声音的播放，如果没有其他声音播放，该声音才会开始播放。
> ➢　【停止】：可以使正在播放的声音文件停止。
> ➢　【数据流】：该模式通常是用在网络传输中，动画的播放被强迫与声音的播放保持同步，有时如果动画帧的传输速度与声音相比较慢，则会跳过这些帧进行播放。另外，当动画播放完毕后，如果声音还没播完，也会与动画同时停止。

6.4　实践案例与上机指导

通过本章的学习，读者基本可以掌握外部图片、视频和声音应用方面的知识，下面通过操作练习，以达到巩固学习和拓展提高的目的。

6.4.1　导入 GIF 格式文件

在制作动画的过程中，用户不仅可以导入位图图像，还可以根据需要导入 Fireworks 制作的 GIF 文件，下面介绍导入 GIF 格式文件的操作方法。

素材文件　配套素材\第 6 章\素材文件\6.4.1 导入 GIF 格式文件.gif
效果文件　无

第 1 步　新建文档，①在菜单栏中，选择【文件】菜单项；②在弹出的下拉菜单中，选择【导入】菜单项；③在弹出的下拉菜单中，选择【导入到舞台】菜单项，如图 6-39 所示。

图 6-39

第 2 步　在弹出的【导入】对话框中，①选择准备导入的.GIF 文件；②单击【打开】按钮，如图 6-40 所示。

第 3 步　通过以上步骤即可完成在舞台中导入 GIF 文件的操作，如图 6-41 所示。

图 6-40

图 6-41

6.4.2　默认压缩声音

在 Flash CS6 中，选择【默认】压缩方式，用户可以压缩导入的声音质量，以便更好地发布到网站上，下面介绍默认压缩声音方面的知识。

在【库】面板中选择导入的声音文件，右击，在弹出的快捷菜单中，选择【属性】菜单项，弹出【声音属性】对话框，如图 6-42 所示。

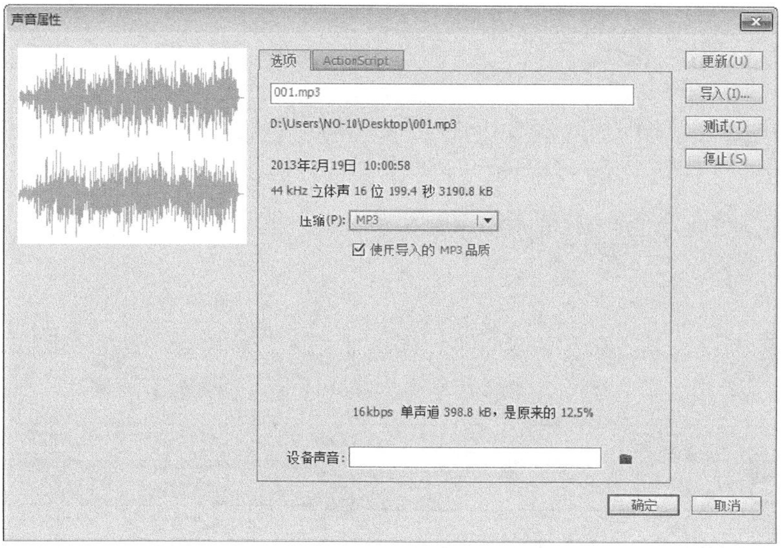

图 6-42

在【声音属性】对话框中，用户可以设置如下参数。

➢ 【更新】：单击此按钮，可以更新声音。

➢ 【导入】：单击此按钮，可以重新导入一个声音文件。

➢ 【测试】：单击此按钮，可以测试声音的效果。

➢ 【停止】：单击此按钮，可以停止声音的测试。

➢ 【压缩】：单击此按钮，可以设置声音的输出格式。

6.5 思考与练习

一、填空题

1. 在 Flash 中，用户可导入的图片格式有_____、_____、BMP、_____、EPS、_____、_____、_____等。

2. 在 Flash CS6 中，用户可以导入 3 种格式的声音素材_____、_____和_____。

二、判断题

1. 在 Flash CS6 中，用户可以将位图导入到舞台或导入到库。 (　　)

2. 在 Flash CS6 中，程序不提供编辑声音的功能。 (　　)

三、思考题

1. 如何导入位图文件到舞台？

2. 如何在【库】面板中编辑导入位图的属性？

第 7 章

时间轴和帧

本章要点

- 什么是时间轴和帧
- 帧的操作
- 动作补间动画
- 形状补间动画
- 逐帧动画

本章主要内容

本章主要介绍了什么是时间轴和帧，以及帧的操作方面的知识与技巧，同时还讲解了动作补间动画、形状补间动画和逐帧动画方面的知识，在本章的最后还针对实际的工作需求，讲解了绘制旋转的三角形和制作动态人物的方法。通过本章的学习，读者可以掌握时间轴和帧方面的知识，为深入学习 Flash CS6 知识奠定良好的基础。

7.1 什么是时间轴和帧

时间轴和帧是 Flash 编辑动画的主要工具，是 Flash 最为核心的部分，所有的动画顺序、动作行为、控制命令以及声音等都是在时间轴中编排的。帧是创建动画的基础，也是构建动画最基本的元素之一，本节将详细介绍什么是时间轴和帧。

7.1.1 时间轴的构成

时间轴是帧用于组织和控制动画中的帧和层在一定时间内播放的坐标轴。时间轴主要由层控制区、帧和播放控制等部分组成，如图 7-1 所示。

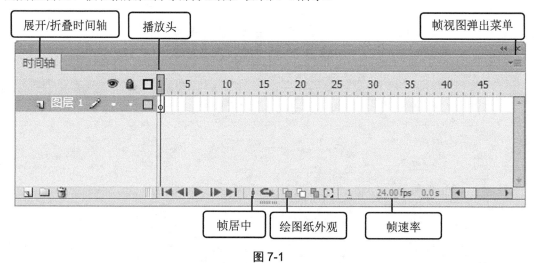

图 7-1

- ➢ 展开/折叠时间轴：单击时间轴左上角的三角形按钮。
- ➢ 播放头：指示在舞台中当前显示的帧。
- ➢ 帧视图弹出菜单：单击此按钮打开菜单，可以设置时间轴的显示外观。
- ➢ 帧居中：把当前的帧移动到时间轴窗口的中间以方便操作。
- ➢ 绘图纸外观：同时查看当前帧与前后若干帧里的内容，以方便前后多帧对照编辑。
- ➢ 帧速率：动画播放的速率，即每秒钟播放的帧数。

7.1.2 帧和关键帧

影片中的每个画面在 Flash 中称为帧，在各个帧上放置图形、文字和声音等对象，多个帧按照先后次序以一定速率连续播放形成动画。在 Flash 中帧按照功能的不同，可以分为普通帧、空白关键帧和关键帧。

1. 普通帧

普通帧起着过滤和延长关键帧内容显示的内容，在时间轴中，用于延长播放时间的帧，每帧的内容与前面的关键帧相同，如图 7-2 所示。

图 7-2

2. 空白关键帧

没有内容的帧，以空心圆表示，空白关键帧是特殊的关键帧，没有任何对象存在，一般新建图层的第一帧都是空白关键帧，但是绘制图形后则变为关键帧，如果将某关键帧中的全部对象删除，此帧也会变为空白关键帧，如图 7-3 所示。

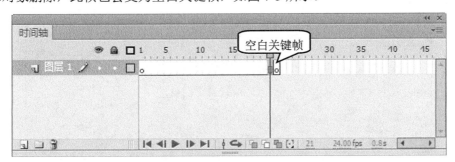

图 7-3

3. 关键帧

有内容的帧，以实心圆表示，关键帧是用来定义动画的帧，当创建逐帧动画时，每个帧都是关键帧。在补间动画中只需在动画发生变化的位置定义关键帧，Flash CS6 会自动创建关键帧之间的帧内容，此时两个关键帧之间由箭头相连，如图 7-4 所示。

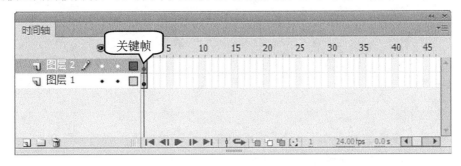

图 7-4

7.1.3 修改帧的频率

帧的频率就是动画的播放速度，以每秒播放的帧数为度量，帧频太慢会使动画看起来不连贯，以每秒 12 帧的帧频通常会得到较好的效果，下面介绍修改帧频率的方法。

第1步 新建文档，在菜单栏中，①选择【修改】菜单项；②在弹出的下拉菜单中，选择【文档】菜单项，如图 7-5 所示。

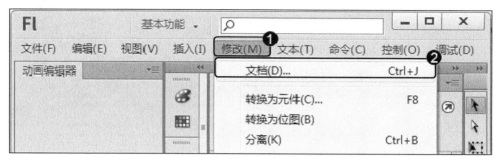

图 7-5

第2步 弹出【文档设置】对话框，①在【帧频】文本框中，设置帧的频率数值；②单击【确定】按钮，通过以上方法即可完成修改帧频率的操作，如图 7-6 所示。

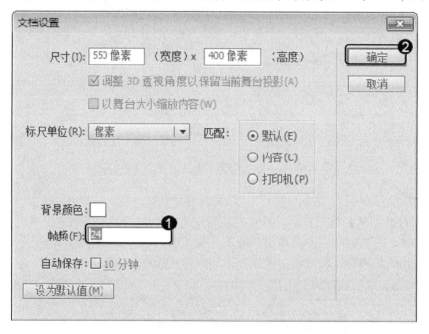

图 7-6

智慧锦囊

　　动画的复杂程度和播放动画的计算机速度都会影响动画播放的流畅程度，应在各种计算机上测试动画，以确定最佳帧频。

7.2　帧 的 操 作

在 Flash CS6 中，每一个动画都是由帧建立组成的，用户可以对帧进行选择帧和帧列、插入帧、复制、粘贴与移动单帧、删除等操作，本节将详细介绍帧的操作方面的知识。

7.2.1　选择帧和帧列

在时间轴上，选择某一个帧，只需要单击该帧即可。

如果某个对象占据了整个帧列，并且此帧列是由一个关键帧开始，一个普通帧结束组成，那么只需要选中舞台中的这个对象就可以选中此帧列。

如果要选择一组连续帧，选中起始的第 1 帧，然后按住键盘上的 Shift 键，单击选择最后一帧，这样即可选择一组连续帧，如图 7-7 所示。

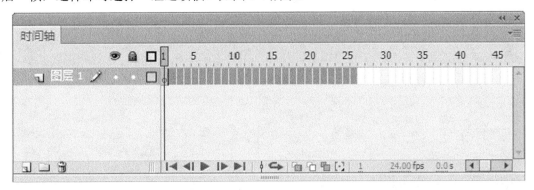

图 7-7

如果要选择一组非连续帧，用户在按住键盘上的 Ctrl 键的同时，然后单击准备选择的帧即可，如图 7-8 所示。

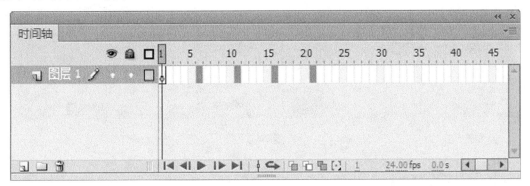

图 7-8

要选择帧列，用户在键盘上按住 Shift 键的同时，单击该帧列的起始第一帧，然后再单击该帧列的终止最后一帧，这样即可选择该帧列，如图 7-9 所示。

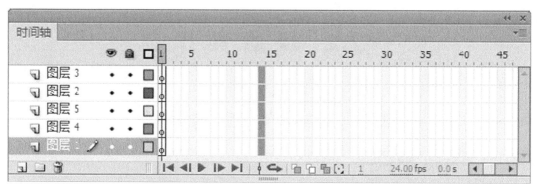

图 7-9

7.2.2 插入帧

在【时间轴】面板中，用户可以根据需要，在指定图层中插入普通帧、空白关键帧和关键帧等各种类型的帧，下面介绍插入帧的操作方法。

要插入帧，应该先选中准备插入帧的位置，然后在菜单栏中，选择【插入】菜单项，在弹出的下拉菜单中，选择【时间轴】菜单项，在弹出的下拉菜单中，选择相应的菜单项，这样即可完成插入各种类型帧的操作，如图 7-10 所示。

图 7-10

智慧锦囊

在键盘上按下 F5 键，可以插入帧；在键盘上按下 F6 键，可以插入关键帧；在键盘上按下 F7 键，可以插入空白关键帧。

7.2.3　删除帧

在制作动画时，遇到不符合要求或者不需要的帧，可以将其删除，下面介绍删除帧的操作方法。

选中准备要删除的帧，右击，在弹出的快捷菜单中，选择【删除帧】菜单项，这样即可删除帧，如图 7-11 所示。

图 7-11

智慧锦囊

在【时间轴】面板中，选中准备要删除的帧，按下键盘上的 Delete 键，同样可以删除选择的帧。

7.2.4　清除帧

在制作动画时，遇到不符合要求或者不需要的帧，可以将其清除，下面介绍清除帧的操作方法。

首先要选中准备清除的帧，右击，在弹出的快捷菜单中，选择【清除帧】菜单项，这样即可进行清除帧的操作，如图 7-12 所示。

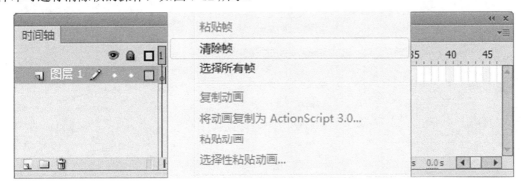

图 7-12

7.2.5 复制、粘贴与移动单帧

在使用 Flash 制作动画时，有时候需要对所创建的帧进行复制、粘贴与移动等操作，使制作的动画更加完美，下面详细介绍复制、粘贴与移动单帧的操作方法。

1. 复制帧

在 Flash CS6 中，有时候为了制作动画的需要，用户可以复制需要的帧，下面介绍复制帧的操作方法。

首先选中单个帧，右击，在弹出的快捷菜单中，选择【复制帧】菜单项，即可完成复制帧的操作，如图 7-13 所示。

图 7-13

2. 粘贴帧

在 Flash CS6 中，有时候为了制作动画的需要，用户可以粘贴需要的帧，下面介绍粘贴帧的操作方法。

选中准备粘贴的位置，右击，在弹出的快捷菜单中，选择【粘贴帧】菜单项，即可完成粘贴帧的操作，如图 7-14 所示。

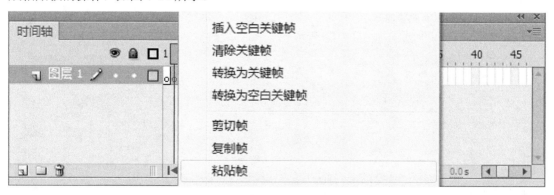

图 7-14

智慧锦囊

在【时间轴】面板中，选中准备粘贴帧的位置，在菜单栏中，依次选择【编辑】→【粘贴帧】菜单选项，同样可以完成粘贴帧的操作。

3. 移动帧

在 Flash CS6 中，有时候为了制作动画的需要，用户可以根据需要移动帧，下面介绍移动帧的操作方法。

第1步　在【时间轴】面板中，选中准备移动的帧，右击，在弹出的快捷菜单中，选择【剪切帧】菜单项，如图 7-15 所示。

图 7-15

第2步　在【时间轴】面板中，在目标位置单击鼠标右键，在弹出快捷菜单中，选择【粘贴帧】菜单项，通过以上方法即可完成移动帧的操作，如图 7-16 所示。

图 7-16

7.2.6　将帧转换为关键帧

在 Flash CS6 中，用户可以将帧迅速转换为关键帧，以便制作更好的动画效果，下面介绍将帧转换为关键帧的操作方法。

选中准备要转换为关键帧的帧，右击，在弹出的快捷菜单中，选择【转换为关键帧】菜单项，即可完成将帧转换为关键帧的操作，如图 7-17 所示。

图 7-17

7.2.7 将帧转换为空白关键帧

在 Flash CS6 中,用户可以将帧迅速转换为空白关键帧,以便制作更好的动画效果,下面介绍将帧转换为空白关键帧的操作方法。

选中准备要转换为关键帧的帧,右击,在弹出的快捷菜单中,选择【转换为空白关键帧】菜单项,这样即可完成将帧转换为空白关键帧的操作,如图 7-18 所示。

图 7-18

7.3 动作补间动画

动作补间动画所处理的动画必须是舞台上的组件实例,多个图形组合、文字等,运用动作补间动画,可以设置元件的大小、位置、颜色、透明度、旋转等属性,本节将详细介绍动作补间动画方面的知识。

7.3.1 动作补间动画原理

在 Flash 的时间帧面板上,Flash 只需要保存帧之间不同的数据,即在一个关键帧放置一个元件,然后在另一个关键帧改变这个元件的大小、颜色、位置、透明度等,Flash 根据二者之间帧的值创建的动画,称为动作补间动画。

动作补间动画建立后，时间帧面板的背景色变为淡紫色，并且在起始帧和结束帧之间有一个长长的箭头。

7.3.2 制作动作补间动画

在 Flash CS6 中，用户可以通过制作动作补间动画，设置 Alpha 的透明度，创建渐隐渐显的动画效果，下面详细介绍制作动作补间动画的操作方法。

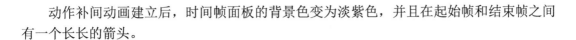

素材文件 配套素材\第 7 章\素材文件\7.3.2 制作动作补间动画.jpg
效果文件 配套素材\第 7 章\效果文件\7.3.2 制作动作补间动画.fla

第1步 新建文档，在舞台中，导入素材图片并调整其大小，如图 7-19 所示。
第2步 选中导入的图像，在菜单栏中，依次选择【修改】→【转换为元件】菜单项，如图 7-20 所示。

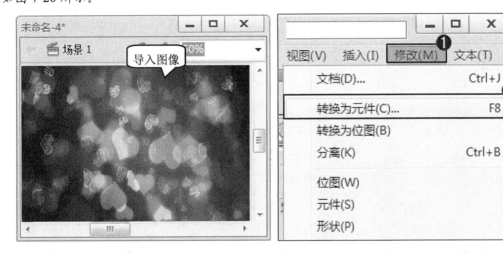

图 7-19　　　　　　　　　　　　　图 7-20

第3步 弹出【转换为元件】对话框，①在【类型】下拉列表框中，选择【图形】选项；②单击【确定】按钮，如图 7-21 所示。

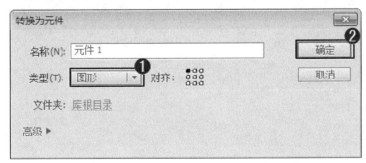

图 7-21

第4步 分别在【时间轴】面板的第 10 帧、第 20 帧、第 30 帧，按下 F6 键插入关键帧，如图 7-22 所示。

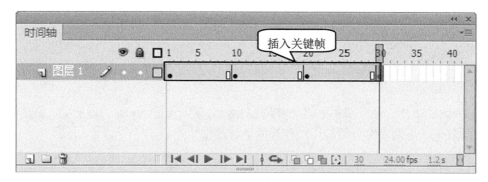

图 7-22

第5步 选中图形元件并选中第 1 帧，打开【属性】面板，在【色彩效果】区域中，①在【样式】下拉列表中，选择 Alpha 选项；②设置透明度的数值为 0%，如图 7-23 所示。

第6步 选择第 30 帧，将 Alpah 的透明度设置为 37%，如图 7-24 所示。

图 7-23   图 7-24

第7步 将光标放置在第 1 帧至第 10 帧之间的任意一帧，右击，在弹出的快捷菜单中，选择【创建传统补间】菜单项，创建补间动画，如图 7-25 所示。

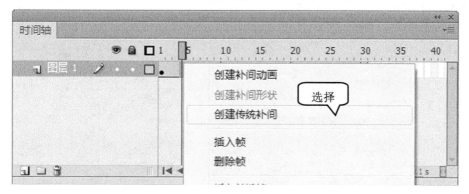

图 7-25

第8步 在其他的帧之间，继续创建补间动画效果，如图 7-26 所示。

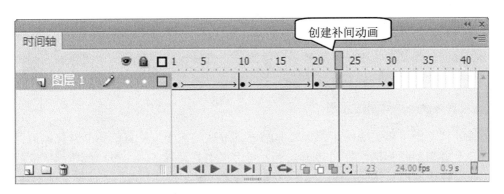

图 7-26

第9步　在键盘上按下 Ctrl+Enter 组合键测试影片效果，通过以上方法即可完成创建动作补间动画的操作，如图 7-27 所示。

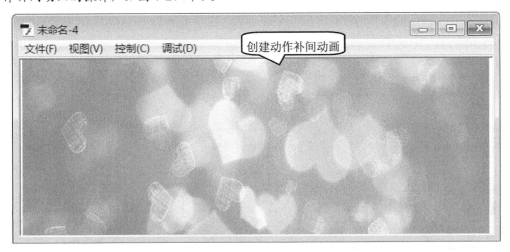

图 7-27

7.4　形状补间动画

形状补间动画适用于图形对象，在两个关键帧之间可以创建图形变形的效果，使得一种形状可以随时变化成另一个形状，也可以对形状的位置、大小等进行设置，本节将详细介绍形状补间动画方面的知识。

7.4.1　形状补间动画原理

形状补间动画原理是指，在时间轴上的某一帧绘制对象，然后在另一帧修改对象，或者重新绘制另一个对象，然后由 Flash 本身计算两帧之间的差距进行变形帧，在播放的过程中形成动画。

形状补间动画是补间动画的另一类，常用于形状发生变化的动画。

1. 形状补间动画的概念

形状补间动画是指，在一个关键帧中绘制一个形状，然后在另一个关键帧中更改该形状或绘制另一个形状，Flash CS6 会根据二者之间帧的值或形状来创建动画。

2. 构成形状补间动画的元素

形状补间动画可以实现两个图形之间颜色、形状、大小、位置的相互变化，其变形的灵活性介于逐帧动画和动作补间动画二者之间，使用的元素多为用鼠标或压感笔绘制出的形状，如果使用图形元件、按钮、文字，则必先"打散"、"分离"才能创建变形动画。

3. 形状补间动画在时间帧面板上的表现

形状补间动画建好后，【时间帧】面板的背景色变为淡绿色，在起始帧和结束帧之间有一个长长的箭头。

7.4.2　制作形状补间动画

在 Flash CS6 中，通过形状补间用户可以创建类似于形状渐变的效果，使一个形状可以渐变成另一个形状，下面详细介绍创建形状补间动画的操作方法。

> **素材文件**　配套素材\第 7 章\素材文件\7.4.2　创建形状补间动画.jpg
> **效果文件**　配套素材\第 7 章\效果文件\7.4.2　创建形状补间动画.fla

第1步 新建文档，在舞台中，导入素材图片并调整其大小，如图 7-28 所示。

第2步 在【时间轴】面板上，①单击【新建图层】按钮📑；②新建一个图层，如"图层 2"，如图 7-29 所示。

图 7-28

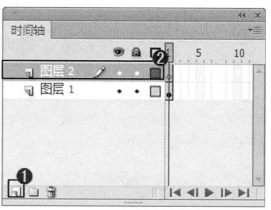

图 7-29

第3步 在工具箱中，①单击【多角星形工具】按钮⬡；②在舞台中，绘制一个五角星图形，如图 7-30 所示。

第4步 在工具箱中，①单击【选择工具】按钮 ；②按住键盘上的 Alt 键，复制出一个五角星并移动至指定的位置，如图 7-31 所示。

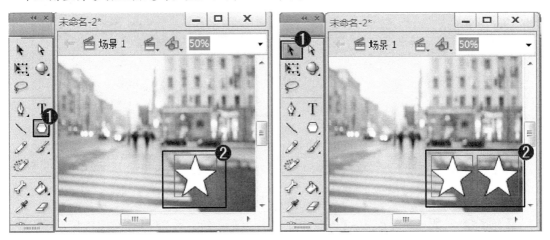

图 7-30　　　　　　　　　　　　　　　　图 7-31

第5步 分别在【图层 1】和【图层 2】的第 50 帧，按下键盘上的 F5 键插入帧，如图 7-32 所示。

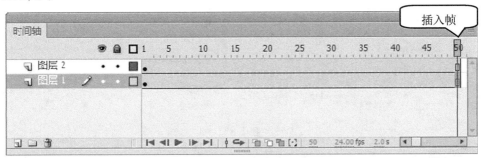

图 7-32

第6步 选中【图层 2】的第 25 帧，按下键盘上的 F6 键插入关键帧，如图 7-33 所示。

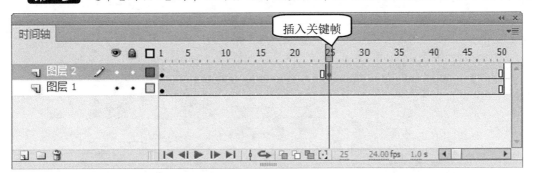

图 7-33

第7步 在工具箱中，单击【文本工具】按钮 ，在绘制的圆形中输入文字，并将圆形删除，选中文字，按下快捷键 Ctrl+B 将文本分离，如图 7-34 所示。

删除图像并分离创建的文本

图 7-34

第8步 将鼠标光标放置在【图层2】时间轴上第1帧至第25帧之间的任意一帧位置，右击，在弹出的快捷菜单中选择【创建补间形状】菜单项，如图7-35所示。

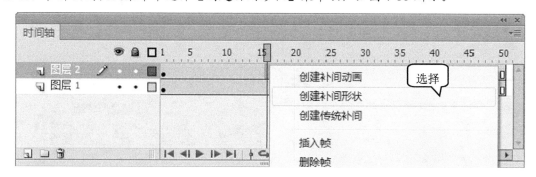

选择

图 7-35

第9步 在键盘上按下快捷键 Ctrl+Enter 测试影片效果，通过以上步骤即可完成创建形状补间动画的操作，如图7-36所示。

创建形状补间动画

图 7-36

7.5 逐 帧 动 画

逐帧动画是一种常见的动画形式，是在时间轴的每帧上逐帧绘制不同的内容，使其连续播放而形成动画，也可在此基础上修改得到新的动面，本节将介绍逐帧动画方面的知识。

7.5.1 逐帧动画的原理

逐帧动画是一种常见的动画形式，其原理是在连续的关键帧中分解动画动作，每一帧都是关键帧而且都有内容。

逐帧动画没有设置任何补间，直接将连续的若干帧都设置为关键帧，然后在其中分别绘制内容。

逐帧动画的缺点是，因为其帧序列内容不一样，不但给制作增加了负担，而且最终输出的文件量也很大。但它的优势也很明显，逐帧动画具有非常大的灵活性，几乎可以表现任何想表现的内容，类似于电影的播放模式，很适合于表演细腻的动画。例如，人物或动物急转身、头发及衣服的飘动、走路、说话，以及精致的 3D 效果等。

7.5.2 制作简单的逐帧动画

掌握逐帧动画基本原理后，用户即可制作简单的逐帧动画，下面介绍制作简单的逐帧动画的操作方法。

素材文件 配套素材\第 7 章\素材文件\7.5.2 制作简单的逐帧动画
效果文件 配套素材\第 7 章\效果文件\7.5.2 制作简单的逐帧动画.fla

第 1 步 新建文档，①在菜单栏中，选择【文件】菜单项；②在弹出的下拉菜单中，选择【导入】菜单项；③在弹出的下拉菜单中，选择【导入到舞台】菜单项，如图 7-37 所示。

图 7-37

第 2 步 在【导入】对话框中，①选择准备导入的图片；②单击【打开】按钮，如图 7-38 所示。

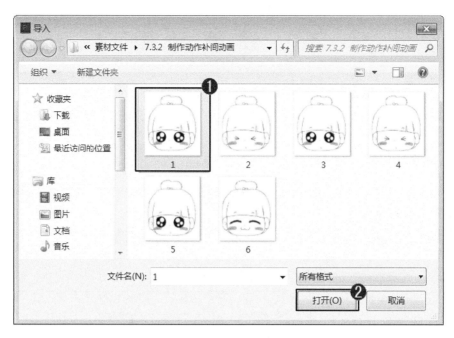

图 7-38

第3步 弹出 Adobe Flash CS6 对话框，单击【是】按钮，如图 7-39 所示。

图 7-39

第4步 程序会自动排列图片的序列，①按序号以逐帧形式导入到舞台中去；②导入后的动画序列，被 Flash 自动分配到 5 个关键帧中，如图 7-40 所示。

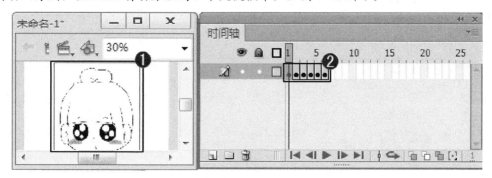

图 7-40

第5步 如果一帧一个动作对于动画速度过于太快，可以在图层上每个帧后按两次 F5 键插入帧，如图 7-41 所示。

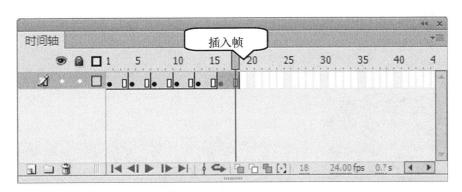

图 7-41

第 6 步　在键盘上按下快捷键 Ctrl+Enter 检测刚刚创建的动画，通过以上方法即可完成创建制作简单的逐帧动画的操作，如图 7-42 所示。

图 7-42

7.6　实践案例与上机指导

通过本章的学习，读者基本可以掌握时间轴和帧方面的知识，下面通过操作练习，以达到巩固学习和拓展提高的目的。

7.6.1　绘制旋转的三角形

在 Flash CS6 中，用户可以运用本章学习的知识绘制旋转的三角形，下面介绍绘制旋转的三角形的操作方法。

素材文件　配套素材\第 7 章\素材文件\7.6.1　绘制旋转的三角形.jpg

效果文件　配套素材\第 7 章\效果文件\7.6.1　绘制旋转的三角形.fla

第 1 步　启动 Flash CS6 新建文档，在舞台中，导入素材图像并调整其大小，如图 7-43 所示。

第2步 在【时间轴】面板上，①单击【新建图层】按钮 ；②新建一个图层，如"图层 2"，如图 7-44 所示。

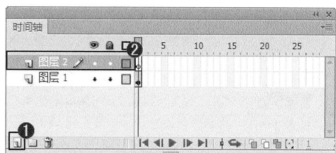

图 7-43　　　　　　　　　　　　　　　图 7-44

第3步 选择【图层 2】的第一帧，在工具箱中，①单击【多角星形工具】按钮 ；②在【属性】面板中，单击【选项】按钮，如图 7-45 所示。

第4步 弹出【工具设置】对话框，①在【边数】文本框中，输入多边形的边数，如"3"；②单击【确定】按钮，如图 7-46 所示。

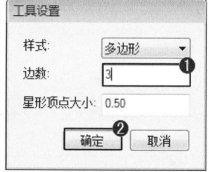

图 7-45　　　　　　　　　　　　　　　图 7-46

第5步 设置多边形边数后，①选择【窗口】菜单项；②在弹出的下拉菜单中，选择【颜色】菜单项，如图 7-47 所示。

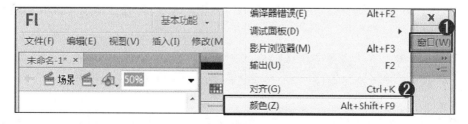

图 7-47

第6步　打开【颜色】面板，①将【笔触颜色】设置为【无】；②在【类型】下拉列表框中，选择【线性渐变】选项；③设置填充渐变的颜色，如图7-48所示。

第7步　在舞台中绘制一个三角形；①在工具箱中，单击【渐变变形工具】按钮📷；②调整图形的填充颜色，如图7-49所示。

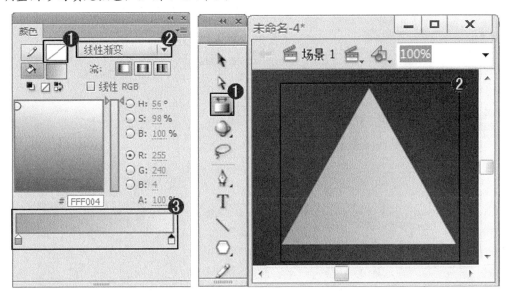

图 7-48　　　　　　　　　　　　　　　图 7-49

第8步　在工具箱中，①单击【选择工具】按钮🔖；②在舞台中选择绘制的三角形，如图7-50所示。

第9步　在键盘上按下F8键，弹出【转换为元件】对话框，①在【名称】文本框中，输入名称；②在【类型】下拉列表框中，选择【图形】选项；③单击【确定】按钮，如图7-51所示。

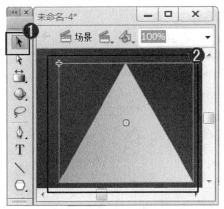

图 7-50

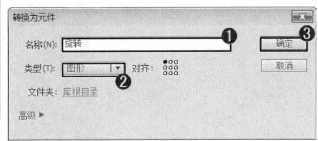

图 7-51

第10步　在【时间轴】面板中，分别选中【图层1】和【图层2】的第30帧，在键盘上按下F6键插入关键帧，如图7-52所示。

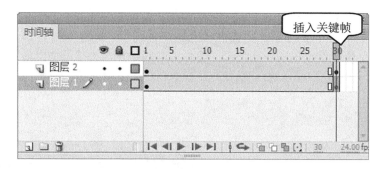

图 7-52

第 11 步 在【时间轴】面板中，右击第 1 帧至第 29 帧中的任意一帧，在弹出的快捷菜单中，选择【创建补间动画】菜单项，如图 7-53 所示。

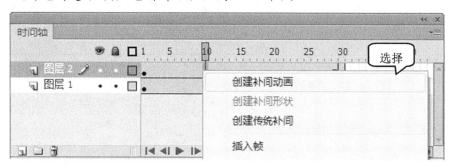

图 7-53

第 12 步 在【属性】面板中，在【方向】下拉列表框中，设置旋转的方向，如"顺时针"，如图 7-54 所示。

第 13 步 在键盘上按下快捷键 Ctrl+Enter 测试影片效果，通过以上方法即可完成创建旋转的三角形的操作，如图 7-55 所示。

图 7-54

图 7-55

7.6.2 制作动态人物

运用本章学习的逐帧动画及形状补间动画知识，读者可以制作出一个可爱的动态人物，下面介绍制作动态人物的操作方法。

素材文件 配套素材\第 7 章\素材文件\7.6.2 制作动态人物.jpg
效果文件 配套素材\第 7 章\效果文件\7.6.2 制作动态人物.fla

第1步 在工具箱中，①单击【椭圆工具】按钮 ◯；②在舞台中，绘制一个椭圆形，如图 7-56 所示。

第2步 在工具箱中，①单击【选择工具】按钮 ▶；②按住键盘上的 Alt 键，复制出 2 个椭圆并移动至指定的位置，如图 7-57 所示。

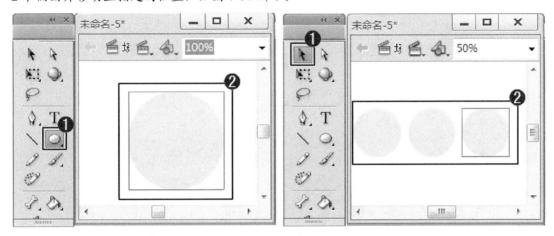

图 7-56   图 7-57

第3步 在【时间轴】面板中，在【图层 1】的第 30 帧，按下键盘上的 F5 键插入帧，如图 7-58 所示。

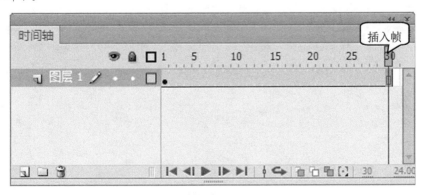

图 7-58

第4步 选中【图层 1】的第 15 帧，按下键盘上的 F6 键插入关键帧，如图 7-59 所示。

图 7-59

第5步 在工具箱中，单击【文本工具】按钮 T，在绘制的圆形中输入文字并将圆形删除，将文字选中，按下快捷键 Ctrl+B 将文本分离，如图 7-60 所示。

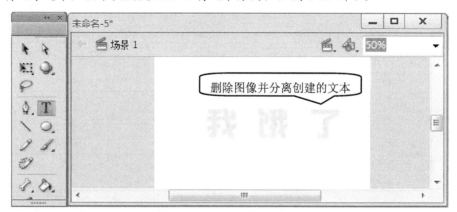

图 7-60

第6步 将鼠标光标放置在【图层 1】时间轴的第 1 帧至第 14 帧之间的任意一帧位置，右击，在弹出的快捷菜单中，选择【创建补间形状】菜单项，如图 7-61 所示。

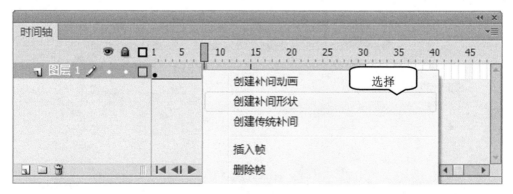

图 7-61

第7步 在【时间轴】面板上，①单击【新建图层】按钮 ；②新建一个图层，如"图层 3"；③选中【图层 3】的第 35 帧，按下键盘上的 F6 键插入关键帧，如图 7-62 所示。

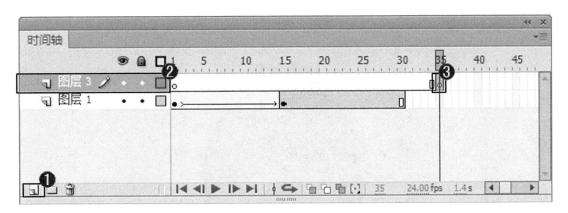

图 7-62

第8步 在菜单栏中，依次选择【文件】→【导入】→【导入到舞台】菜单项，将素材动画导入到舞台中，导入后的动画序列被 Flash 自动分配在 3 个关键帧中，如图 7-63所示。

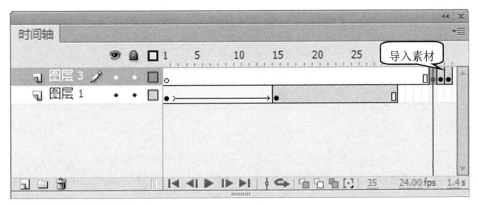

图 7-63

第9步 如果一帧一个动作对于动画速度太快，可以在图层上每个帧后多次按 F5 键插入帧，如图 7-64 所示。

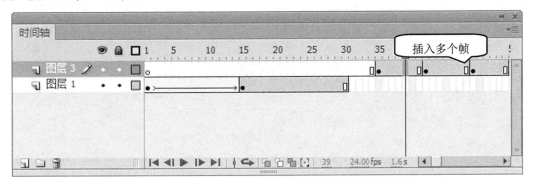

图 7-64

第10步 在键盘上按下快捷键 Ctrl+Enter 检测刚刚创建的动画，通过以上方法即可完成创建动态人物的操作，如图 7-65 所示。

图 7-65

7.7 思考与练习

一、填空题

1. _____是 Flash 编辑动画的主要工具，是 Flash 最为核心的部分，所有的_____、动作行为，以及声音等都是在时间轴中编排的。

2. 在 Flash 中，帧按照功能的不同，可以分为_____、_____和_____。

二、判断题

1. 如果要选择一组连续帧，选中起始的第 1 帧，然后按住键盘上的 Ctrl 键，单击选择的最后一帧，这样即可选择一组连续帧。 （ ）

2. 在 Flash CS6 中，用户可以通过制作动作补间动画，设置 Alpha 的透明度，创建渐隐渐显的动画效果。 （ ）

3. 在制作动画时，遇到不符合要求或者不需要的帧，用户可以将其删除。 （ ）

三、思考题

1. 如何清除帧？
2. 如何插入帧？

第 **8** 章

滤镜与混合模式的应用

本章主要内容

本章主要介绍了什么是滤镜和应用滤镜方面的知识与技巧，同时还讲解了使用混合模式创建复合图像方面的知识，在本章的最后还针对实际的工作需求，讲解了制作彩虹字和制作渐变发光文字的方法。通过本章的学习，读者可以掌握滤镜与混合模式应用方面的知识，为深入学习 Flash CS6 知识奠定良好的基础。

8.1 什么是滤镜

在 Flash CS6 中，使用滤镜用户可以为舞台上的对象增添有趣的视觉效果，本节将详细介绍滤镜方面的知识。

8.1.1 滤镜的基础知识

应用滤镜可以随时改变其选项，或者重新调整滤镜顺序以试验组合效果。【滤镜】面板是管理 Flash 滤镜的主要工具，在其中可以进行增加、删除滤镜或改变滤镜参数的操作。

8.1.2 关于滤镜和 Flash Player 的性能

应用于对象的滤镜类型、数量和质量会影响 SWF 文件的播放性能，例如应用于对象的滤镜越多，Flash Player 要正确显示创建的视觉效果所需要的处理量也就越大。

系统建议对一个给定对象只应用有限数量的滤镜，在运行速度较慢的计算机上，使用较低的设置可以提高性能，如果要创建在一系列不同性能的计算机上回放的内容，请将质量级别设置为"低"，以实现最佳的回放性能。

8.1.3 添加滤镜

在 Flash CS6 中，滤镜效果只适用于文本、影片剪辑和按钮中，下面介绍添加滤镜的操作方法。

第1步 在舞台上，①选择准备应用滤镜的文本对象；②在【属性】面板底部单击【添加滤镜】按钮 ；③在弹出的下拉菜单中，选择一个滤镜选项，如"投影"，如图 8-1 所示。

图 8-1

第2步 通过以上方法即可完成添加滤镜的操作，如图 8-2 所示。

图 8-2

8.1.4 预设滤镜库

在 Flash CS6 中，用户可以将设置好的滤镜效果保存起来方便下次使用，下面详细介绍预设滤镜库的操作方法。

第1步 在舞台上，①选择准备预设滤镜库的文本对象；②在【属性】面板底部单击【预设】按钮 ；③在弹出的下拉菜单中，选择【另存为】菜单项，如图 8-3 所示。

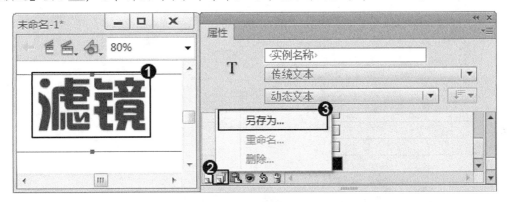

图 8-3

第2步 弹出【将预设另存为】对话框，①在【预设名称】文本框中，输入名称；②单击【确定】按钮，即可将应用的滤镜效果添加到滤镜库中，如图 8-4 所示。

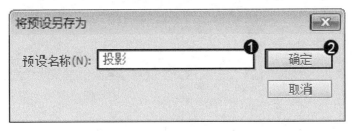

图 8-4

8.2 应 用 滤 镜

应用滤镜特效包括投影、倾斜投影、模糊、发光、斜角、渐变发光、渐变斜角和调整颜色等滤镜效果，本节将详细介绍应用滤镜方面的知识。

8.2.1 【投影】滤镜效果

投影滤镜包括的参数很多，有模糊、强度、品质、颜色、角度、距离、挖空、内侧阴影和隐藏对象等，下面详细介绍【投影】滤镜效果的操作方法。

对文本对象设置投影效果后，在【投影】下拉列表中，用户可以对投影的模糊值、强度、品质、角度、距离等参数进行设置，设置不同的参数形成不同的视觉效果，如图 8-5 所示。

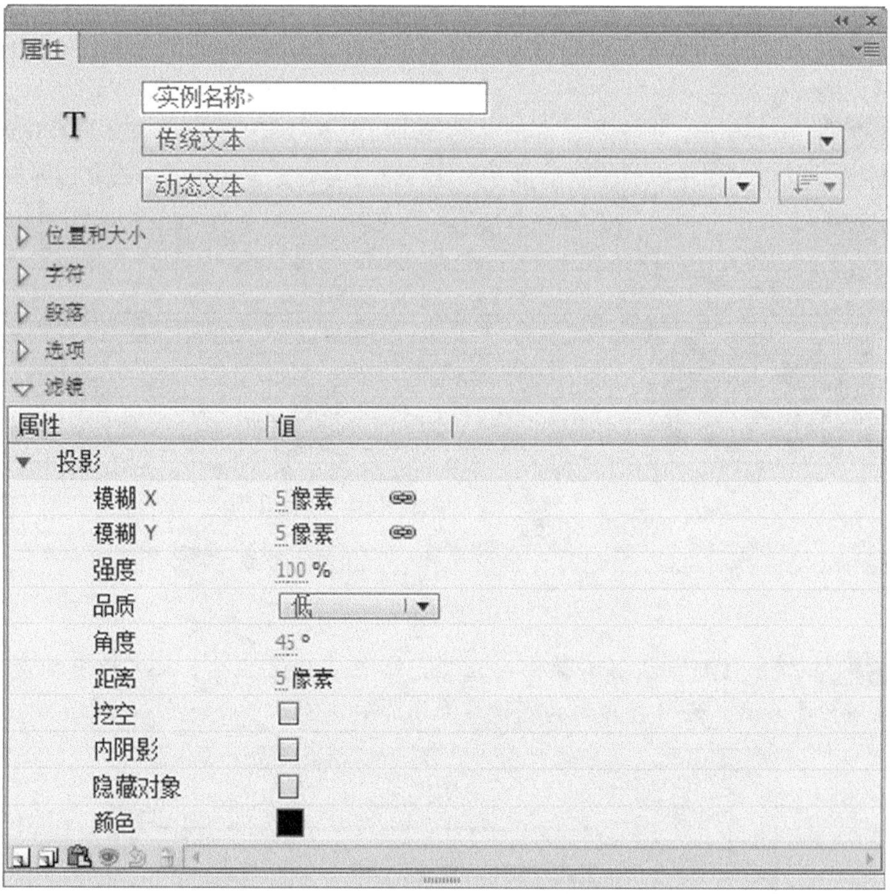

图 8-5

在【投影】下拉列表中，调整【模糊 X】和【模糊 Y】参数，用户可以设置投影的模糊大小，数值越大，投影越模糊，取值范围为 0～255，如图 8-6 所示。

图 8-6

在【投影】下拉列表中，调整【强度】参数可以设置投影的明暗度，取值范围是 0～1000，强度越大，投影就越暗，如图 8-7 所示。

图 8-7

在【品质】下拉列表框中，包括【低】、【中】和【高】3 个选项，选择不同的选项，投影的质量也会发生相应的变化，如图 8-8 所示。

图 8-8

调整【角度】参数，可以调整【投影】的角度，投影的角度在 0～180°之间，如图 8-9 所示。

图 8-9

在【投影】下拉列表中，调整【距离】参数，用户可以调整投影与对象之间的距离，如图 8-10 所示。

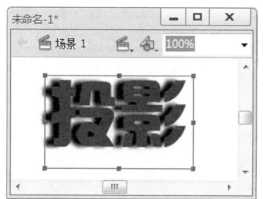

图 8-10

在【投影】下拉列表中，选中【挖空】复选项，用户可挖空源对象，从视觉上隐藏源对象只显示投影效果，如图 8-11 所示。

图 8-11

选中【内阴影】复选项，可以将对象的投影，用到源对象的内侧，如图 8-12 所示。

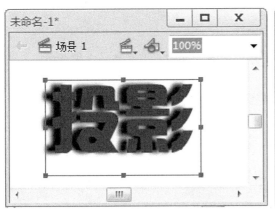 

图 8-12

在【投影】下拉列表中，选中【隐藏对象】复选框，用户可以将对象隐藏，如图 8-13所示。

图 8-13

单击【颜色】色块，用户可以设置投影的颜色，在弹出的【色块】面板中，选中相应的颜色，这样即可进行相应设置，如图 8-14 所示。

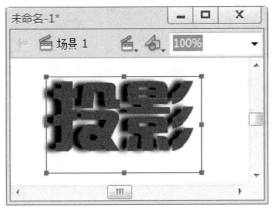 

图 8-14

8.2.2 【模糊】滤镜效果

在 Flash CS6 中，【模糊】滤镜可以柔化对象的边缘和细节，下面介绍设置【模糊】滤镜效果的操作。

第1步 在【滤镜】区域中，①单击底部的【添加滤镜】按钮；②在弹出的快捷菜单中，选择【模糊】菜单项，如图 8-15 所示。

第2步 在【属性】面板中，用户可以设置模糊的效果，如图 8-16 所示。

图 8-15

图 8-16

第3步 设置【模糊】滤镜特效后，用户可以查看模糊的效果，如图 8-17 所示。

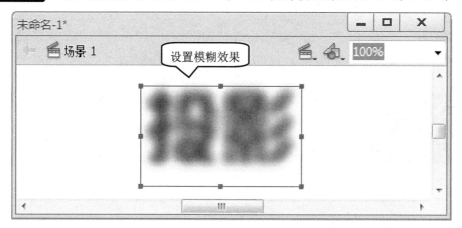

图 8-17

8.2.3　【发光】滤镜效果

发光滤镜可控参数有模糊、强度、品质、颜色、挖空和内侧发光等，下面详细介绍【发光】滤镜效果的操作方法。

第1步　新建文档，把舞台背景设置成黑色，①在工具箱中，单击【椭圆工具】按钮；②将边框颜色设置成【无】，分别画出黄色和红色两个圆，如图8-18所示。

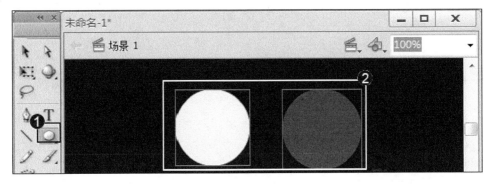

图 8-18

第2步　选中两个图形，按下 F8 键，弹出【转换为元件】对话框，①在【名称】文本框中输入名称；②在【类型】下拉列表框中，选择【影片剪辑】选项；③单击【确定】按钮，如图8-19所示。

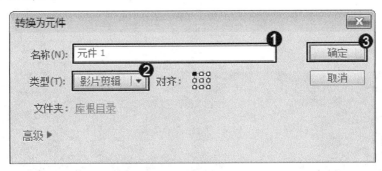

图 8-19

第3步　在【滤镜】区域中，①单击【添加滤镜】按钮；②在弹出的快捷菜单中，选择【发光】菜单项，如图8-20所示。

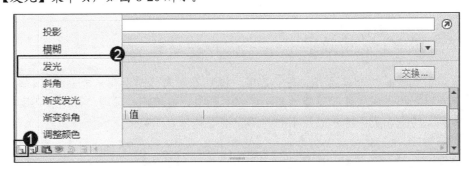

图 8-20

第4步 在【发光】下拉列表中，用户可以对【模糊 X】、【模糊 Y】、【强度】、【品质】、【颜色】、【挖空】和【内发光】等参数进行设置，如图 8-21 所示。

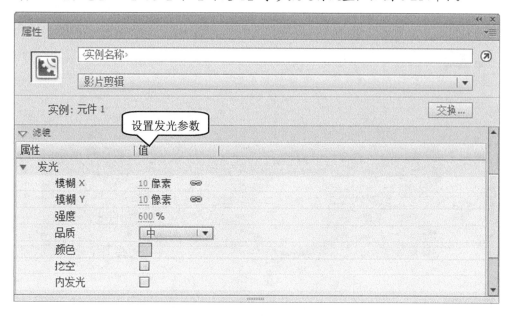

图 8-21

第5步 通过以上步骤即可完成设置发光效果的操作，如图 8-22 所示。

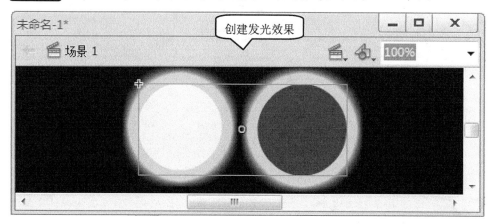

图 8-22

8.2.4 【斜角】滤镜效果

【斜角】滤镜是让对象具有加亮的效果，使其看起来凸出于背景表面。在舞台中，可以将选择的对象制作出立体的浮雕效果，控制参数主要有模糊、强度、品质、阴影、加亮、角度、距离、挖空和类型等效果，下面介绍应用【斜角】滤镜效果的操作方法。

第1步 选择创建的文本对象，在【滤镜】区域中，①单击底部的【添加滤镜】按钮，②在弹出的快捷菜单中，选择【斜角】菜单项，如图 8-23 所示。

第2步 在【属性】面板中，用户可以设置斜角的参数，如图 8-24 所示。

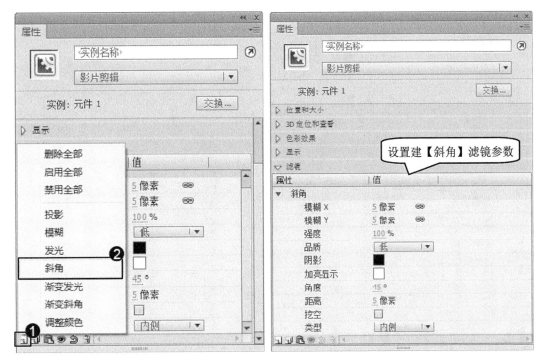

图 8-23　　　　　　　　　　　　　　　图 8-24

- ➢ 【强度】：设定斜角的强烈程度，取值范围为 0～100%，数值越大，斜角效果越明显。
- ➢ 【品质】：设定斜角倾斜的品质高低，可以选择【高】、【中】、【低】三项参数，品质越高，斜角效果越明显。
- ➢ 【阴影】：设置斜角的阴影颜色，可以在调色板中选择颜色。
- ➢ 【加亮显示】：设置斜角的高光加亮颜色，也可以在调色板中选择颜色。
- ➢ 【角度】：设置斜角的角度，取值范围为 0～360°。
- ➢ 【距离】：设置斜角距离对象的大小，取值范围为-32～32。
- ➢ 【挖空】：将斜角效果作为背景，然后挖空对象部分的显示。
- ➢ 【类型】：设置斜角的应用位置，可以是内侧、外侧和全部，如果选择全部，则在内侧和外侧将同时应用斜角效果。

8.2.5 【渐变发光】滤镜效果

【渐变发光】滤镜的效果和【发光】滤镜的效果基本一样，但是【渐变发光】可以调节发光的颜色为渐变颜色，下面详细介绍【渐变发光】滤镜效果的操作方法。

在舞台上输入文本，在【属性】面板底部，单击【添加滤镜】按钮，在弹出的快捷菜单中，选择【渐变发光】菜单项，如图 8-25 所示。

由于【渐变发光】和【发光】滤镜的主要区别在于发光的颜色，为了更清楚地看到效果，在【属性】面板中，在【渐变发光】下拉列表中，选中【挖空】复选框，把其他参数调整到合适的值，如图 8-26 所示。

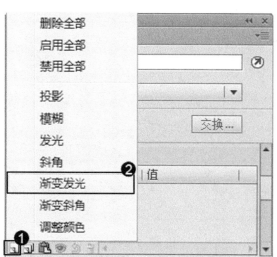

图 8-25

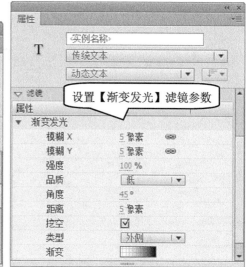

图 8-26

8.2.6 【渐变斜角】滤镜效果

【渐变斜角】滤镜是在斜角效果的基础上添加了渐变功能，使最后产生的效果更加出色，应用渐变斜角可以产生一种凸起效果，使得对象看起来好像从背景上凸起，且斜角表面有渐变颜色，下面详细介绍【渐变斜角】滤镜效果的操作方法。

在舞台上输入文本，在【属性】面板底部，单击【添加滤镜】按钮，在弹出的快捷菜单中，选择【渐变斜角】菜单项，如图 8-27 所示。

在【属性】面板中，可以对【渐变斜角】的参数进行相应的设置，从而产生不同的效果，如图 8-28 所示。

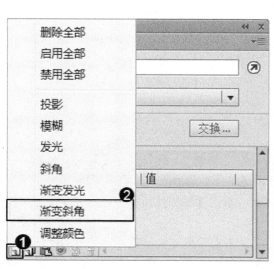

图 8-27

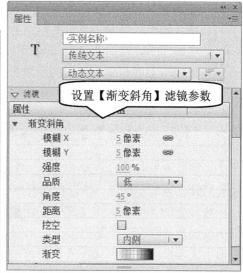

图 8-28

8.2.7　【调整颜色】滤镜效果

【调整颜色】滤镜用户可以对影片剪辑、文本或按钮进行颜色调整，比如亮度、对比度、饱和度和色相等，下面介绍【调整颜色】滤镜效果的操作方法。

在舞台上输入文本，在【属性】面板底部，单击【添加滤镜】按钮，在弹出的快捷菜单中，选择【调整颜色】菜单项，如图 8-29 所示。

在【属性】面板中，用户可以对【调整颜色】滤镜的参数进行相应的设置，从而产生不同的效果，如图 8-30 所示。

图 8-29

图 8-30

> 【亮度】：调整对象的亮度。向左拖动滑块可以降低对象的亮度，向右拖动滑块可以增强对象的亮度，取值范围为-100～100。
> 【对比度】：调整对象的对比度。取值范围为-100～100，向左拖动滑块可以降低对象的对比度，向右拖动滑块可以增强对象的对比度。
> 【饱和度】：设定色彩的饱和程度。取值范围为-100～100，向左拖动滑块可以降低对象中包含颜色的浓度，向右拖动滑块可以增加对象中包含颜色的浓度。
> 【色相】：调整对象中各个颜色色相的浓度，取值范围为-180～180。

知识精讲

指定斜角的渐变颜色。渐变包含两种或多种可相互淡入或混合的颜色。中间的指针控制渐变的 Alpha 颜色。可以更改 Alpha 指针的颜色，但是无法更改该颜色在渐变中的位置。

8.3　使用混合模式创建复合图像

【混合模式】可以通过混合重叠影片片段的颜色，建立丰富多彩的效果，并且为对象的不透明度新增另一项控制，本节将详细介绍使用混合模式创建复合图像方面的知识。

8.3.1 关于混合模式

使用混合模式用户可创建复合图像，复合是改变两个或两个以上重叠对象的透明度或者颜色相互关系的过程，使用混合模式可以混合重叠影片剪辑中的颜色，从而创造独特效果。

由于混合模式取决于将混合效果应用于对象的颜色和基础颜色，因此必须试验不同的颜色，以查看结果。

在 Flash CS6 中，程序提供下列混合模式，如图 8-31 所示。

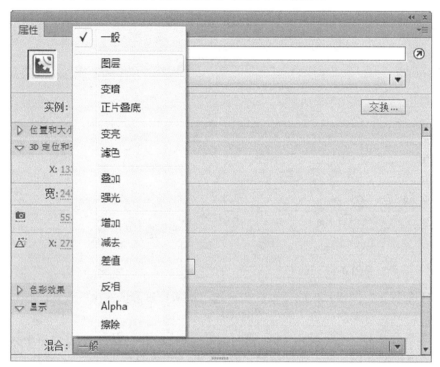

图 8-31

> 【一般】：正常应用颜色，不与基准颜色有相互关系。
> 【图层】：可以层叠各个影片剪辑，而不影响其颜色。
> 【变暗】：只替换比混合颜色亮的区域，比混合颜色暗的区域不变。
> 【色彩增值】：将基准颜色复合以混合颜色，从而产生较暗的颜色。
> 【变亮】：只替换比混合颜色暗的区域，比混合颜色亮的区域不变。
> 【滤色】：将混合颜色的反色复合以减去基准颜色，从而产生漂白效果。
> 【叠加】：进行色彩增值或滤色，具体情况取决于基准颜色。
> 【强光】：进行色彩增值或滤色，具体情况取决于混合模式颜色，该效果类似于用点光源照射对象。
> 【差异】：从基准颜色减去混合颜色，或者从混合颜色减去基准颜色，具体情况取决于哪个的亮度值较大，该效果类似于彩色底片。
> 【反色】：是取基准颜色的反色。
> Alpha：应用 Alpha 遮罩层。

> ➢ 　【擦除】：删除所有基准颜色像素，包括背景图像中的基准颜色像素。

　知识精讲

  Alpha 混合模式要求将图层混合模式应用于父级影片剪辑。不能将背景剪辑更改为 Alpha 并应用它，因为该对象将是不可见的。

8.3.2　混合模式示例

  在 Flash CS6 中并不是所有对象都能应用混合模式，混合模式只能应用于影片剪辑或按钮，下面详细介绍在舞台中使用混合模式的操作方法。

  第 1 步　新建文档，在菜单栏中，依次选择【文件】→【导入】→【导入到舞台】菜单项，在舞台中导入两张图片，如图 8-32 所示。

图 8-32

  第 2 步　在舞台中，按下 F8 键，弹出【转换为元件】对话框，①在【类型】下拉列表框中，选择【影片剪辑】选项；②单击【确定】按钮，分别将两张图片转换为影片剪辑，如图 8-33 所示。

图 8-33

  第 3 步　选中【元件 1】影片剪辑，在【显示】区域中，在【混合】下拉列表框中，选择【叠加】选项，如图 8-34 所示。

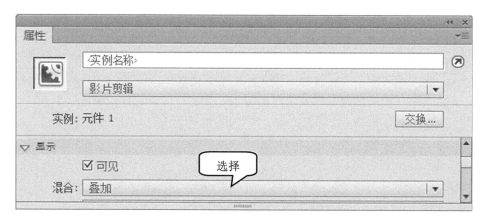

图 8-34

第4步 在舞台中，单击并拖动【元件 1】影片剪辑，和【元件 2】影片剪辑重叠，即可完成混合模式的操作，如图 8-35 所示。

图 8-35

8.4 实践案例与上机指导

通过本章的学习，读者基本可以掌握滤镜与混合模式应用方面的知识，下面通过练习操作，以达到巩固学习和拓展提高的目的。

8.4.1 制作彩虹字

彩虹文字可以给人绚丽多彩的效果，文字的各个笔画都呈现不同颜色的渐变效果，下面详细介绍制作彩虹文字的操作方法。

素材文件 配套素材\第 8 章\素材文件\8.4.1 制作彩虹字.jpg
效果文件 配套素材\第 8 章\效果文件\8.4.1 制作彩虹字.fla

第1步 　新建一个文档，在菜单栏中，依次选择【文件】→【导入】→【导入到舞台】菜单项，导入素材图像并调整其大小，如图 8-36 所示。

第2步 　在【时间轴】面板中，①单击【新建图层】按钮；②新建一个图层，如"图层 2"，如图 8-37 所示。

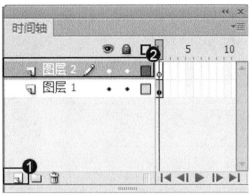

图 8-36　　　　　　　　　　　　　　　　图 8-37

第3步 　在工具箱中，①单击【文本工具】按钮；②在舞台中输入文字，如图 8-38 所示。

第4步 　在键盘上，连续两次按下快捷键 Ctrl+B，将文字分离并打散，如图 8-39 所示。

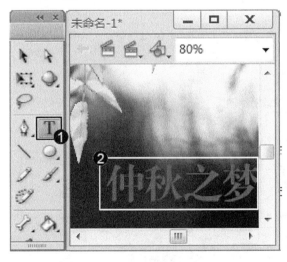

图 8-38　　　　　　　　　　　　　　　　图 8-39

第5步 　在【颜色】面板中，①在【颜色类型】下拉列表框中，选择【线性渐变】选项；②设置准备渐变的颜色，如图 8-40 所示。

第6步 　在键盘上按下快捷键 Ctrl+Enter 检测刚刚创建的动画，通过以上方法即可完成制作彩虹文字的操作，如图 8-41 所示。

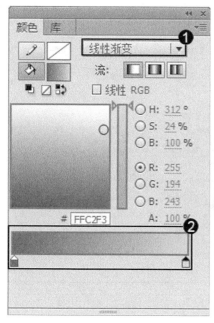

图 8-40

图 8-41

8.4.2　制作渐变发光文字

应用【渐变发光】滤镜，用户可以在发光表面产生渐变颜色的发光效果，下面详细介绍制作渐变发光文字的操作方法。

> 素材文件　配套素材\第 8 章\素材文件\8.4.2　制作渐变发光文字.jpg
> 效果文件　配套素材\第 8 章\效果文件\8.4.2　制作渐变发光文字.fla

 新建一个文档，在菜单栏中，依次选择【文件】→【导入】→【导入到舞台】菜单项，导入素材图像并调整其大小，如图 8-42 所示。

图 8-42

第 2 步　在【时间轴】面板中，①单击【新建图层】按钮 ；②新建一个图层，如"图层 2"，如图 8-43 所示。

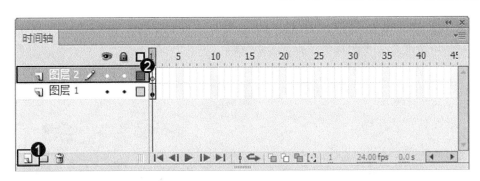

图 8-43

第3步 在工具箱中，①单击【文本工具】按钮 **T**；②在舞台中输入文字，如图 8-44
所示。

图 8-44

第4步 在【属性】面板中，①单击左下角的【添加滤镜】按钮 ；②在弹出的快捷
菜单中，选择【渐变发光】菜单项，如图 8-45 所示。

第5步 在【属性】面板中，在【滤镜】区域中，用户可以对【模糊】、【强度】、
【品质】和【渐变】等参数进行设置，如图 8-46 所示。

图 8-45

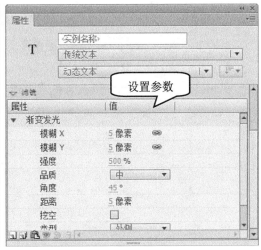

图 8-46

第6步 在键盘上按下快捷键 Ctrl+Enter 检测刚刚创建的文字效果，通过以上方法即可完成制作渐变发光文字的操作，如图 8-47 所示。

图 8-47

8.5 思考与练习

一、填空题

1. 【滤镜】面板是_____的主要工具，在其中可以进行_____、删除滤镜或_____的操作。

2. 在 Flash CS6 中，滤镜效果只适用于_____、_____和_____中。

3. 斜角滤镜是让对象具有加亮的效果，使其看起来_____背景表面，在舞台中，可以将选择的对象制作出立体的浮雕效果，控制参数主要有模糊、_____、品质、阴影、_____、角度、_____、挖空和_____等效果。

二、判断题

1. 应用于对象的滤镜类型、数量和质量会影响 SWF 文件的播放性能。　　(　)
2. 在 Flash CS6 中，【模糊】滤镜不可以柔化对象的边缘和细节。　　(　)
3. 在 Flash CS6 中，混合模式只能应用于影片剪辑或按钮。　　(　)

三、思考题

1. 如何应用【斜角】滤镜效果？
2. 如何添加滤镜？

第 9 章

图层与高级动画制作

本章要点

- 什么是图层
- 图层的基本操作
- 图层的编辑操作
- 引导层动画
- 场景动画
- 遮罩动画

本章主要内容

本章主要介绍了什么是图层、图层的基本操作和图层的编辑操作方面的知识与技巧，同时还讲解了引导层动画、场景动画和遮罩层动画方面的知识，在本章的最后还针对实际的工作需求，讲解了制作电影文字和制作望远镜扫描的动画的方法。通过本章的学习，读者可以掌握图层与高级动画制作的应用，为深入学习 Flash CS6 知识奠定良好的基础。

9.1　什么是图层

在时间轴上每一行就是一个图层，在制作动画过程中，往往需要建立多个图层，便于更好地管理和组织文字、图像和动画等对象，每个图层的内容互不影响，本节将详细介绍图层方面的知识。

9.1.1　什么是图层

图层可以看成是叠放在一起的透明胶片，可以根据需要，在不同图层上编辑不同的动画，互不影响并在放映时得到合成的效果。使用图层并不会增加动画文件的大小，相反可以更好地帮助安排和组织图形、文字和动画。

9.1.2　图层的用途

按照图层用途的不同，用户可以将图层分为普通层、引导层和遮罩层 3 种，下面分别介绍这 3 种类型的图层。

1. 普通层

它是 Flash CS6 默认的图层，也是常用的图层，其中放置着制作动画时需要的最基本的元素，如图形、文字、元件等。普通层的主要作用是存放画面。

2. 引导层

在 Flash CS6 中，不仅需要创建沿直线运动的动画，还可以创建沿曲线运动的动画。而引导层的主要作用就是用来设置运动对象的运动轨迹。引导层在动画输出时本身并不输出，因此它不会增加文件的大小。

3. 遮罩层

遮罩层可以将与遮罩层相链接的图层中的图像遮盖起来，也可以将多个图层组合放在一个遮罩层下，遮罩层在制作 Flash 动画时经常会用到，但在遮罩层中不能使用按钮元件。

智慧锦囊

在制作 Flash 动画时，用户可以将较大的动画分解成几个较小的动画，并放置在不同的图层上。

9.2　图层的基本操作

在 Flash CS6 中，用户可以对图层进行新建图层、更改图层名称、改变图层顺序、新建图层文件夹、锁定和解锁图层等基本操作，本节将详细介绍图层基本操作方面的知识。

9.2.1　新建图层

在 Flash CS6 中，用户可以根据需要创建一个新的图层，下面详细介绍新建普通图层、引导图层和遮罩图层的操作方法。

1.　新建普通图层

在默认情况下，新创建的 Flash 文档只有一个图层，在制作 Flash 动画时，用户可以根据需要添加新的图层，下面介绍新建普通图层的操作方法。

在时间轴面板左下角，①单击【新建图层】按钮；②在【图层名称】列表中，出现名为【图层 2】的图层对象，这样即可完成新建图层的操作，如图 9-1 所示。

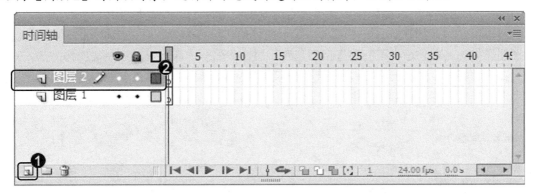

图 9-1

知识精讲

在 Flash CS6 中，执行【插入】菜单项，在弹出的下拉菜单中，选择【时间轴】菜单项，在弹出的下拉菜单中，选择【图层】菜单项，用户同样可以进行创建普通图层的操作。

2.　新建引导图层

在制作 Flash 动画时，为了绘画时帮助对齐对象，可以创建引导层，然后将其他图层上的对象与在引导层上创建的对象对齐，下面介绍新建引导图层的操作方法。

在时间轴面板，右击【图层 2】图层，在弹出的快捷菜单中，选择【引导层】菜单项，通过以上方法即可完成创建引导层的操作，如图 9-2 所示。

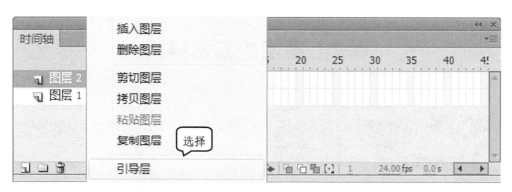

图 9-2

在 Flash CS6 中，引导层不会导出，因此在播放 Flash 动画时引导层为不可见，可将任何图层用作引导层。

3. 新建遮罩图层

制作 Flash 动画时，如果需要获得聚光灯效果的动画，用户可以使用遮罩层，遮罩层中的项目可以是填充的形状、文字对象、图形元件的实例或影片剪辑，遮罩层只能够通过普通图层转换为遮罩层，而不能够直接创建遮罩层，下面介绍新建遮罩图层的操作方法。

在【时间轴】面板上，右击所创建的普通图层，在弹出的快捷菜单中，选择【遮罩层】菜单项，在【图层名称】列表中，出现转换完成的遮罩层，如图 9-3 所示。

图 9-3

9.2.2 更改图层名称

在 Flash CS6 中，为了区分不同的图层，用户可以为图层重新命名，下面详细介绍更改图层名称的操作方法。

双击准备重命名的图层，此时在弹出的文本框中输入更改的名称，然后在键盘上按下 Enter 键，即可为图层重命名，如图 9-4 所示。

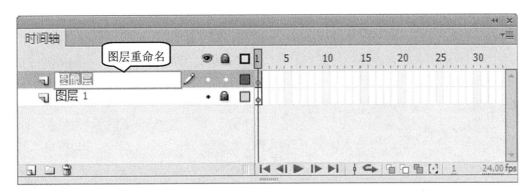

图 9-4

知识精讲

在 Flash CS6 中，选中准备要重命名的图层，单击鼠标右键，在弹出的快捷菜单中，选择【属性】菜单项，弹出【图层属性】对话框，在对话框的【名称】文本框中，输入新名称，单击【确定】按钮，同样可以完成重命名图层的操作。

9.2.3　新建图层文件夹

图层创建完成后，还可以使用图层文件夹对图层文件进行管理，下面详细介绍新建图层文件夹的操作方法。

在【时间轴】面板底部，单击【新建文件夹】按钮，在【图层名称】列表中即可出现所创建的文件夹，如图 9-5 所示。

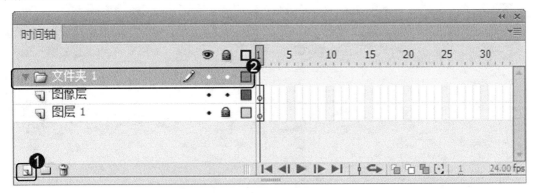

图 9-5

9.2.4　改变图层的顺序

改变图层顺序就是在图层面板中移动图层的过程，改变图层面板中图层的顺序可以改变图层在舞台中的叠放顺序，下面详细介绍改变图层顺序的操作方法。

首先选中准备移动的图层，按住鼠标左键的同时移动鼠标指针，将图层移动到需要摆放的位置，此时被移动的图层将以一条虚线表示，如图 9-6 所示。

当图层被移动到需要放置的位置后，释放鼠标左键，即可完成更改图层顺序的操作，如图 9-7 所示。

图 9-6   图 9-7

9.2.5 锁定和解锁图层

一个场景中包含多个图层，用户可以利用锁定和解锁图层功能，编辑图层中的对象，下面详细介绍运用锁定和解锁图层的操作方法。

在【时间轴】面板中，选择准备锁定的【图层】，单击该图层右侧的【锁定】圆点按钮，再次单击，即可将其解锁，如图 9-8 所示。

图 9-8

 知识精讲

按住 Alt 键，单击图层或文件夹名称右侧的【锁定】列，可以锁定其他图层，再次按住 Alt 键，单击【锁定】列，可以解锁所有图层。

9.3　编　辑　图　层

在图层中，用户可以对图层进行删除、隐藏/显示、显示轮廓和编辑图层属性的操作，本节将详细介绍编辑图层方面的知识。

9.3.1　删除图层

在【时间轴】面板中，如有不需要的图层，用户可以将其删除，下面介绍删除图层的操作方法。

在【时间轴】面板中，选中准备删除的图层，单击面板底部的【删除】按钮 🗑，这样即可完成删除图层的操作，如图 9-9 所示。

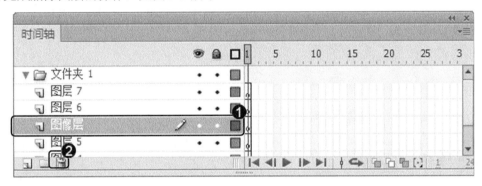

图 9-9

9.3.2　显示轮廓

当舞台中绘制的对象比较多时，用户可以用轮廓线显示的方式来查看对象，显示轮廓的方法有多种，下面详细介绍显示轮廓的操作方法。

在【时间轴】面板上，单击右上方的【轮廓显示】按钮 □，即可显示所有图层的轮廓，再次单击即可恢复图层，如图 9-10 所示。

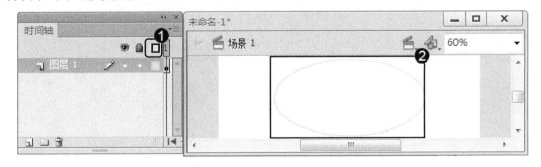

图 9-10

9.3.3 隐藏/显示图层

有时候为了制作动画的方便，需要将图层隐藏/显示出来，下面详细介绍隐藏/显示图层的操作方法。

在【时间轴】面板中，选中准备隐藏/显示的图层，单击【显示或隐藏所有图层】按钮👁️下方的圆点按钮，此时，黑点所在的图层将会隐藏起来，再次单击【隐藏/显示所有图层】按钮👁️下方的按钮 ✕，此时，黑点所在的图层将再次显示出来，如图 9-11 所示。

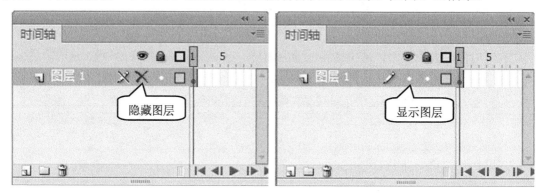

图 9-11

9.3.4 编辑图层属性

在编辑图层属性之前，需要先选择图层，右击，在弹出的快捷菜单中，选择【属性】菜单项，弹出【图层属性】对话框，可以对参数进行设置，如图 9-12 所示。

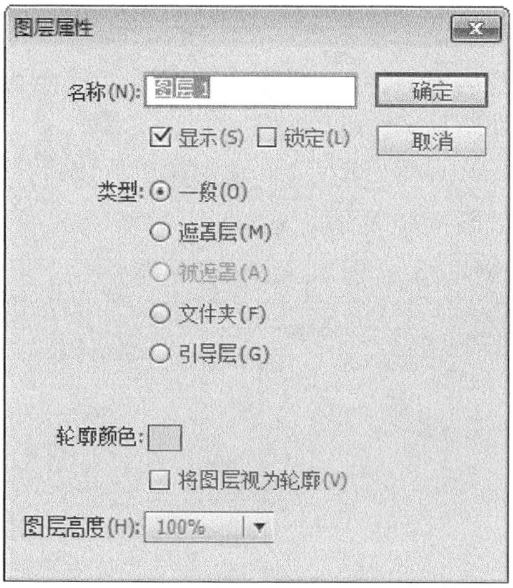

图 9-12

> ➢ 【名称】：在文本框中可以输入图层名称。
> ➢ 【显示】：选中复选框，可显示图层。
> ➢ 【锁定】：选中复选框，可将该图层锁定。
> ➢ 【类型】：用于设置图层的类型。
> ➢ 【轮廓颜色】：单击右侧的颜色框，在弹出的颜色框中，设置图层为轮廓显示时，轮廓线使用的颜色。
> ➢ 【图层高度】：设置图层在【时间轴】上的显示高度。

9.4　引导层动画

引导层动画需要两个图层，即绘制路径的图层以及在起始和结束位置应用传统补间动画的图层。引导层动画分为两种，一种是普通引导层，另一种是运动引导层。本节将详细介绍引导层动画方面的知识。

9.4.1　创建普通引导层

在 Flash CS6 中，普通引导层以 ⦩ 按钮表示，是在普通图层的基础上建立的，下面介绍创建普通引导层的操作方法。

选中准备转换为引导层的图层并右击，在弹出的快捷菜单中，选择【引导层】菜单项，即可将图层转换为普通引导层，如图 9-13 所示。

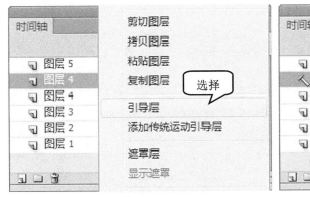

图 9-13

9.4.2　添加运动引导层

运动引导层能够用来控制动画运动的路径，选中准备转换为运动引导层的普通图层并右击，在弹出的快捷菜单中，选择【添加传统运动引导层】菜单项，即可添加一个运动引导层，如图 9-14 所示。

图 9-14

智慧锦囊

在运动引导层中唯一放置的东西就是引导路径，填充对象对引导层没有任何影响，而且引导路径在最终影片中是不可见的。

9.4.3 创建沿直线运动的动画

在 Flash CS6 中，运动动画是指使对象沿直线或曲线移动的动画形式运动，下面详细介绍创建直线运动动画的操作方法。

素材文件 配套素材\第 9 章\素材文件\9.4.3 创建沿直线运动的动画.psd
效果文件 配套素材\第 9 章\效果文件\9.4.3 创建沿直线运动的动画.fla

第 1 步 新建文档，在菜单栏中，依次选择【文件】→【导入】→【导入到舞台】菜单项，如图 9-15 所示。

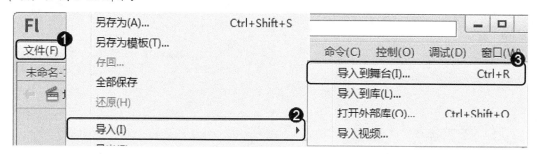

图 9-15

第 2 步 在弹出的【导入】对话框中，①选择准备导入的素材文件；②单击【打开】按钮，如图 9-16 所示。

图 9-16

第3步 弹出【将 "9.4.3 创建沿直线运动的动画.psd" 导入到舞台】对话框，单击
【确定】按钮，如图 9-17 所示。

第4步 选择【图层 1】图层，在舞台中调整导入图像的大小，如图 9-18 所示。

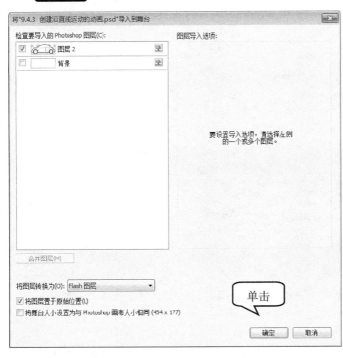

图 9-17

图 9-18

第5步 在【时间轴】面板中，选择【图层 2】图层，拖曳汽车素材至舞台中并设置
其大小和位置，如图 9-19 所示。

图 9-19

第6步 在键盘上按下 F8 键，弹出【转换为元件】对话框，①在【类型】区域中，选择【图形】选项；②单击【确定】按钮，如图 9-20 所示。

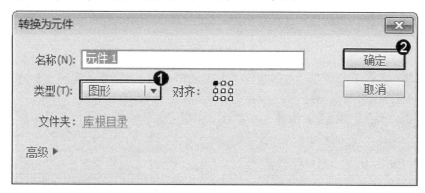

图 9-20

第7步 在【时间轴】面板上，分别选中【图层 1】和【图层 2】的第 30 帧，按 F6键插入关键帧，如图 9-21 所示。

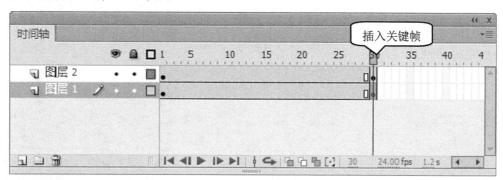

图 9-21

第8步 选择【图层 2】并单击鼠标右键，在弹出的快捷菜单中，选择【添加传统运动引导层】菜单项，如图 9-22 所示。

第9步 在工具箱中，①单击【直线工具】按钮 ；②在舞台中，绘制一条直线，如图 9-23 所示。

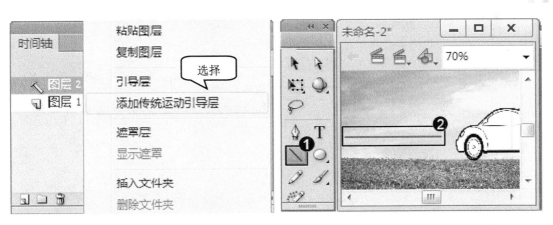

图 9-22　　　　　　　　　　　　　　　　　　　　图 9-23

第 10 步　选中【图层 2】的第 1 帧，将汽车素材拖动到路径的起始点，如图 9-24 所示。

第 11 步　选中【图层 2】的第 30 帧，将汽车素材拖动到路径的终点，如图 9-25 所示。

图 9-24　　　　　　　　　　　　　　　　　　　　图 9-25

第 12 步　选中【图层 2】的第 1～30 帧之间的任意一帧，右击，在弹出的快捷菜单中选择【创建传统补间】菜单项，创建补间动画，如图 9-26 所示。

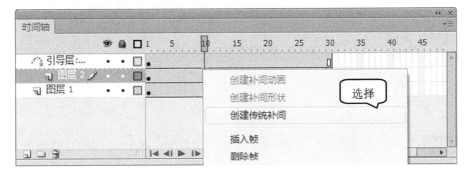

图 9-26

第13步 此时，在键盘上按下快捷键 Ctrl+Enter 检测刚刚创建的动画，通过以上方法即可完成创建沿直线运动动画的操作，如图 9-27 所示。

图 9-27

9.4.4 创建沿轨道运动的动画

轨道运动是让对象沿着一定的路径运动，引导层用来设置对象运动的路径，必须是图形，不能是符号或其他格式，下面详细介绍创建沿轨道运动的动画操作方法。

素材文件 配套素材\第 9 章\素材文件\9.4.4 创建沿轨道运动的动画.psd
效果文件 配套素材\第 9 章\效果文件\9.4.4 创建沿轨道运动的动画.fla

第1步 在 Flash CS6 中，新建文档，在菜单栏中依次选择【文件】→【导入】→【导入到舞台】菜单项，如图 9-28 所示。

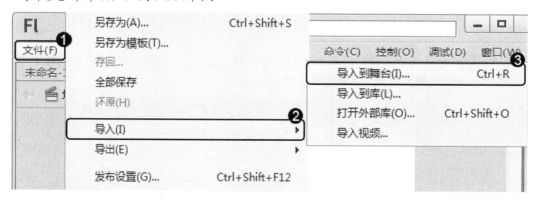

图 9-28

第2步 在弹出的【导入】对话框中，①选择准备导入的素材；②单击【打开】按钮，如图 9-29 所示。

图 9-29

第3步 弹出【将"9.4.4 创建沿轨道运动的动画.psd"导入到舞台】对话框，①选中要导入图层的复选框，如【背景 副本】；②单击【确定】按钮，如图 9-30 所示。

第4步 在【时间轴】面板中，选择【背景 副本】图层，在舞台中调整导入图像的大小，如图 9-31 所示。

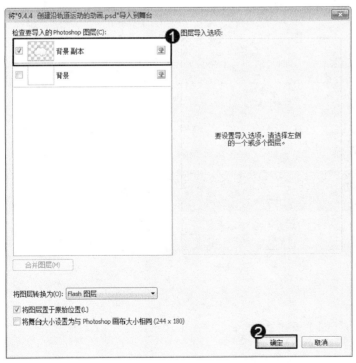

图 9-30

图 9-31

第5步 在【时间轴】面板中，①选择【背景 副本】图层；②拖曳云彩素材至舞台中并设置其大小，如图 9-32 所示。

图 9-32

第6步 在键盘上按下 F8 键，弹出【转换为元件】对话框，①在【类型】区域中，选择【图形】选项；②单击【确定】按钮，如图 9-33 所示。

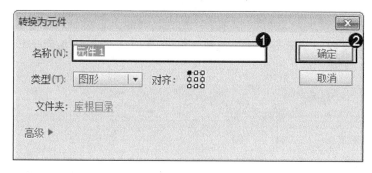

图 9-33

第7步 在【时间轴】面板上，分别选中【图层 1】和【背景 副本】的第 40 帧，按 F6 键插入关键帧，如图 9-34 所示。

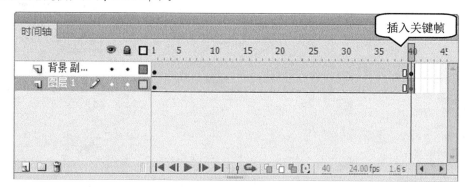

图 9-34

第8步 选择【背景 副本】图层，右击，在弹出的快捷菜单中，选择【添加传统运动引导层】菜单项，如图 9-35 所示。

第9步 在工具箱中，①单击【铅笔工具】按钮 ∅；②在舞台中绘制一条曲线，如图 9-36 所示。

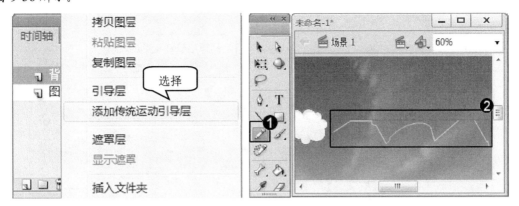

图 9-35 　　　　　　　　　　　　　　　　图 9-36

第10步 选中【背景 副本】的第 1 帧，将云彩素材拖动到路径的起始点，如图 9-37 所示。

第11步 选中【背景 副本】的第 40 帧，将云彩素材拖动到路径的终点，如图 9-38 所示。

图 9-37  　　　　　　　　　　　　　　　　图 9-38

第12步 选中【图层 2】的第 1～40 帧之间的任意一帧，右击，在弹出的快捷菜单中，选择【创建传统补间】菜单项，创建补间动画，如图 9-39 所示。

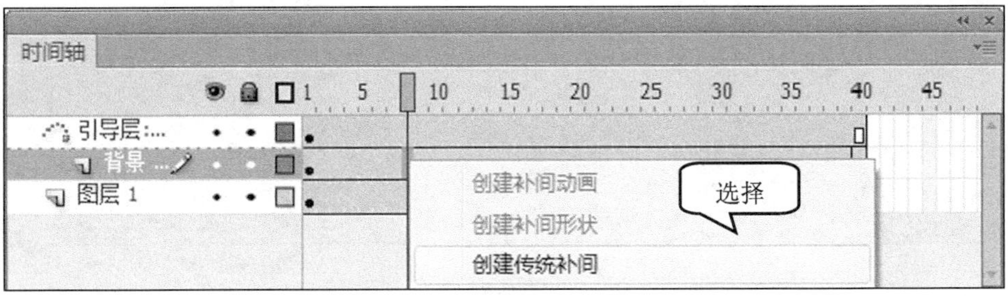

图 9-39

第13步 此时，在键盘上按下快捷键 Ctrl+Enter 检测刚刚创建的动画，通过以上方法即可完成创建沿轨道运动的动画，如图 9-40 所示。

图 9-40

9.5 场 景 动 画

按照主题组织影片，可以使用场景，单独的场景可以用于简介、出现的消息以及片头片尾字幕，本节将详细介绍场景动画方面的知识。

9.5.1 场景的用途

一个动画可能包含多个场景，使用场景可以更好地组织动画。场景的顺序和动画的顺序有关。一个场景就好像话剧中的一幕，一个出色的 Flash 动画就是由这一幕场景组成的。

9.5.2 创建场景

在菜单栏中，选择【插入】→【场景】菜单项，即可创建场景，如图 9-41 所示。

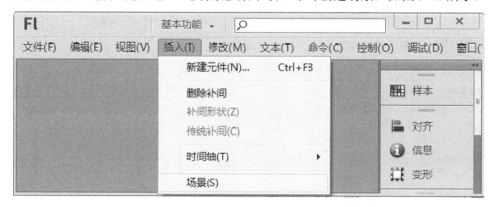

图 9-41

9.6 遮 罩 动 画

在遮罩层中，用户可以放置字体、形状和实例等对象，同时可将遮罩层放在被遮罩的图层上，进而可透过遮罩层看到位于链接层下面的区域，本节将介绍遮罩动画方面的知识。

9.6.1 遮罩动画的原理

遮罩层是一种特殊的图层，遮罩层下面的图层内容就像一个窗口显示出来，除了透过遮罩层显示的内容，其余的被遮罩层内容都被遮罩层隐藏起来。利用相应的动作和行为，可以让遮罩层动起来，这样就可以创建各种各样的具有动态效果的动画。

创建遮罩层首先要在【时间轴】面板中选中准备创建的遮罩图层，右击，在弹出的快捷菜单中，选择【遮罩层】菜单项，即可创建遮罩层，如图 9-42 所示。

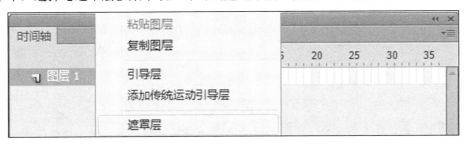

图 9-42

9.6.2 创建遮罩动画

在 Flash CS6 中，用户可以通过创建遮罩动画，实现一些视觉效果，下面详细介绍创建遮罩动画的操作方法。

 素材文件　配套素材\第 9 章\素材文件\9.6.2　创建遮罩动画.psd
效果文件　配套素材\第 9 章\效果文件\9.6.2　创建遮罩动画.fla

第 1 步 在 Flash CS5 中新建文档，在菜单栏中，依次选择【文件】→【导入】→【导入到库】菜单项，如图 9-43 所示。

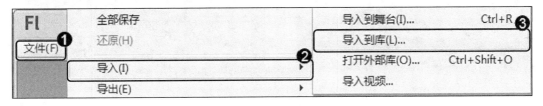

图 9-43

第2步 在弹出的【导入到库】对话框中，①选择准备导入的素材；②单击【打开】按钮，如图 9-44 所示。

图 9-44

第3步 在【库】面板中，单击第一个素材并将其拖动到舞台中，调整图像大小，如图 9-45 所示。

第4步 单击【时间轴】面板，新建一个图层，如"图层 2"，在【库】面板中，将第二个素材拖曳到舞台中去，调整图像大小，如图 9-46 所示。

图 9-45

图 9-46

第5步 在键盘上按下快捷键 Ctrl+F8，弹出【创建新元件】对话框，①在【类型】下拉列表框中，选择【影片剪辑】选项；②单击【确定】按钮，如图 9-47 所示。

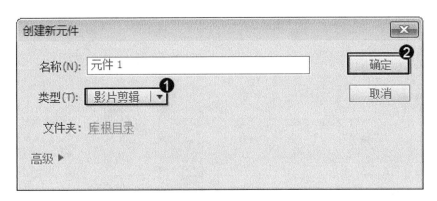

图 9-47

第6步　在工具箱中，①单击【矩形工具】按钮▢；②在舞台中，绘制矩形；③在【属性】面板中，设置矩形【宽】的数值为 550，【高】的数值为 40，如图 9-48 所示。

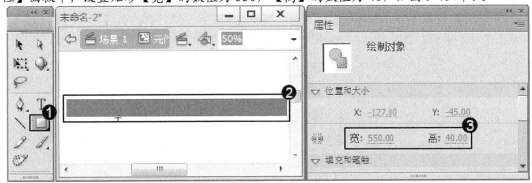

图 9-48

第7步　选中【图层 1】的第 20 帧，①按下键盘上的 F6 键，插入关键帧；②在【属性】面板中，设置矩形的【高】的数值为 5，如图 9-49 所示。

图 9-49

第8步　选中【图层 1】的第 1~20 帧之间的任意一帧，右击，在弹出的快捷菜单中，选择【创建补间形状】菜单项，创建补间形状动画，如图 9-50 所示。

第9步　在菜单栏中，①选择【插入】菜单项；②在弹出的下拉菜单中，选择【新建元件】菜单项，如图 9-51 所示。

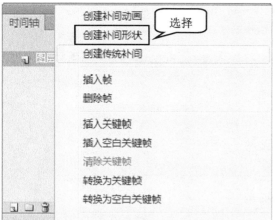

图 9-50

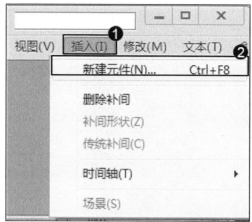

图 9-51

第 10 步 弹出【创建新元件】对话框，在【类型】区域中，①选择【影片剪辑】选项；②单击【确定】按钮，如图 9-52 所示。

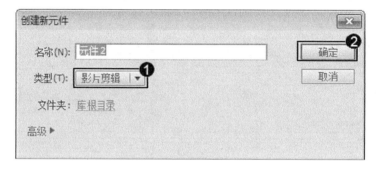

图 9-52

第 11 步 在【库】面板中，将【元件 1】影片剪辑，拖曳到舞台中并调整其位置，如图 9-53 所示。

第 12 步 在舞台中，按住 Ctrl 键的同时，拖曳出多个【元件 1】图形并使其形成一列，如图 9-54 所示。

图 9-53

图 9-54

第13步　单击【场景 1】选项，将其返回至场景 1，如图 9-55 所示。

第14步　在【时间轴】面板中，①单击【新建图层】按钮 ；②创建【图层 3】图层，如图 9-56 所示。

图 9-55

图 9-56

第15步　在【库】面板中，拖曳【元件 2】影片剪辑至舞台中，如图 9-57 所示。

第16步　选中【图层 3】，右击，在弹出的快捷菜单中，选择【遮罩层】菜单项，如图 9-58 所示。

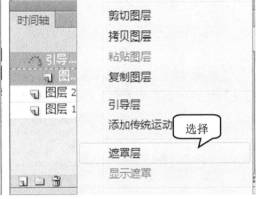

图 9-57

图 9-58

第17步　在键盘上按下快捷键 Ctrl+Enter 检测刚刚创建的动画，如图 9-59 所示。

图 9-59

9.7 实践案例与上机指导

通过本章的学习，读者基本可以掌握图层与高级动画制作方面的知识，下面通过练习操作，以达到巩固学习和拓展提高的目的。

9.7.1 制作电影文字

运用本章讲解的动画方面的知识，读者可以制作出漂亮的电影文字，下面介绍制作电影文字的操作方法。

> **素材文件** 配套素材\第 9 章\素材文件\9.7.1　制作电影文字.psd
> **效果文件** 配套素材\第 9 章\效果文件\9.7.1　制作电影文字.fla

第 1 步 在 Flash CS6 中新建文档，在菜单栏中，选择【修改】→【文档】菜单项，如图 9-60 所示。

图 9-60

第 2 步 弹出【文档设置】对话框，①在【尺寸】文本框中，设置文档的【宽度】与【高度】数值；②单击【确定】按钮，如图 9-61 所示。

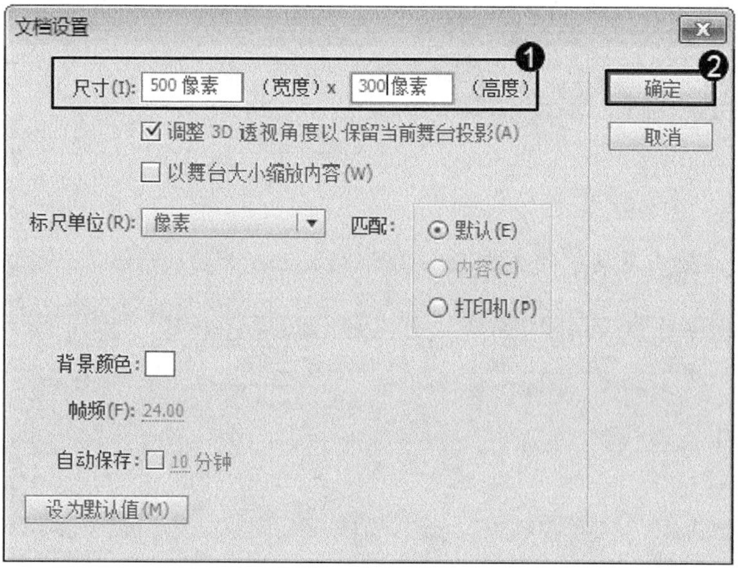

图 9-61

第3步 在【时间轴】面板中，①单击【新建图层】按钮 🖿 ；②新建 3 个图层，分别将其命名为"文字边框"、"文字"和"图片"，如图 9-62 所示。

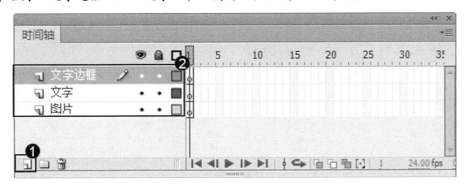

图 9-62

第4步 在【时间轴】面板中，①选中【文字】图层的第 1 帧；②在【工具箱】中，单击【文本工具】按钮 T ；③创建需要的文本，如图 9-63 所示。

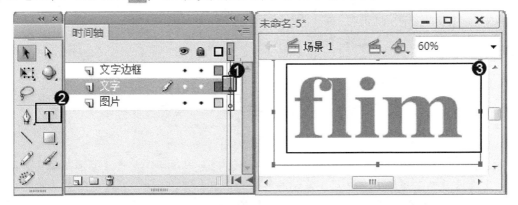

图 9-63

第5步 选中文字，在键盘上按下两次快捷键 Ctrl+B，将文字打散，如图 9-64 所示。

图 9-64

第6步 选中打散后的文字，在键盘上按下快捷键 Ctrl+C 复制文字，①选中【文字边框】图层的第 1 帧；②选择【编辑】菜单项；③在弹出的下拉菜单中，选择【粘贴到当前位置】菜单项，如图 9-65 所示。

图 9-65

第7步 在【时间轴】面板中，将【文字】图层锁定并隐藏，如图 9-66 所示。

图 9-66

第8步 在【时间轴】面板中，选择【文字边框】图层，①单击【墨水瓶工具】按钮
，②在【属性】面板中，设置【笔触颜色】为 "#0099FF"；③在【笔触】文本框中，
输入笔触高度的数值，如 "4"；④在【样式】下拉列表框中，选择【实线】选项；⑤在文
字边缘单击，为文字添加蓝色边框，如图 9-67 所示。

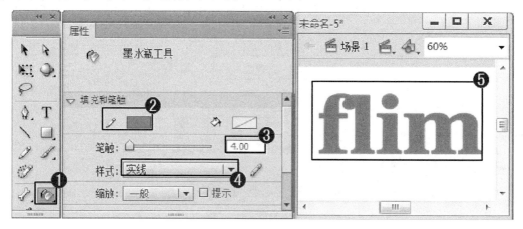

图 9-67

第9步 在工具箱中，①单击【选择工具】按钮，②将文字中间的填充部分删除，
如图 9-68 所示。

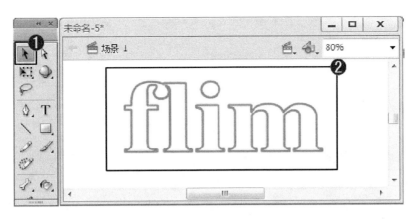

图 9-68

第 10 步　删除填充文本后，按下 Ctrl+F8 快捷键，弹出【创建新元件】对话框，①在【类型】区域中，选择【影片剪辑】选项；②单击【确定】按钮，如图 9-69 所示。

图 9-69

第 11 步　在菜单栏中，依次选择【文件】→【导入】→【导入到库】菜单项，弹出【导入到库】对话框中，①选择准备导入的素材；②单击【打开】按钮，如图 9-70 所示。

图 9-70

第12步 将图片导入到【库】面板中后，在面板中将导入的图片拖入到影片剪辑元件的编辑模式中，如图 9-71 所示。

图 9-71

第13步 在剪辑元件中导入图片后，①选择【编辑】菜单项；②在弹出的下拉菜单中，选择【编辑文档】菜单项，如图 9-72 所示。

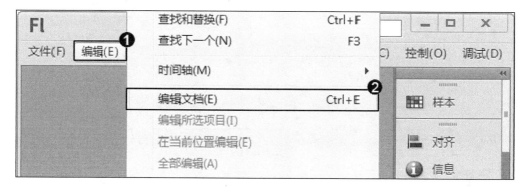

图 9-72

第14步 返回到场景 1 中，①选择【图片】层的第 1 帧；②在【库】面板中将【图片】元件拖入到舞台中，如图 9-73 所示。

图 9-73

第 15 步　在【时间轴】面板中，分别在【文字边框】、【文字】和【图片】图层的第40 帧，在键盘上按下 F6 键，插入关键帧，如图 9-74 所示。

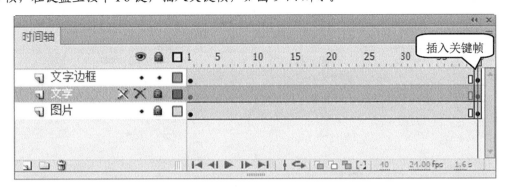

图 9-74

第 16 步　在【图片】图层的第 40 帧插入关键帧后，将【图片】元件向左移动一段距离，如图 9-75 所示。

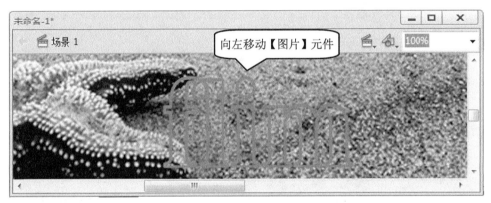

图 9-75

第 17 步　右击【图片】图层的第 1～40 帧之间的任意一帧，在弹出的快捷菜单中，选择【创建传统补间】菜单项，创建补间动画，如图 9-76 所示。

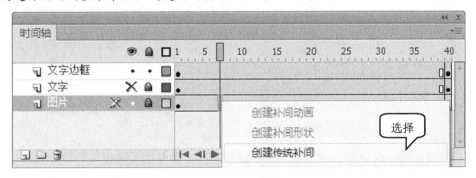

图 9-76

第 18 步　取消【文字】图层隐藏效果并右击【文字】图层，在弹出的快捷菜单中，选择【遮罩层】菜单项，创建遮罩层，如图 9-77 所示。

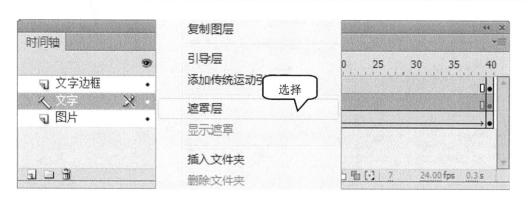

图 9-77

第 19 步 此时，在键盘上按下快捷键 Ctrl+Enter 检测刚刚创建的动画，通过以上方法即可完成制作电影文字的操作，如图 9-78 所示。

图 9-78

9.7.2 制作望远镜扫描的动画

运用本章学习的动画方面的知识，用户可以制作望远镜扫描的动画效果，下面介绍制作望远镜扫描动画的操作方法。

素材文件 配套素材\第 9 章\素材文件 9.7.2　制作望远镜扫描的动画.psd
效果文件 配套素材\第 9 章\效果文件\9.7.2　制作望远镜扫描的动画.fla

第 1 步 新建文档，在菜单栏中，依次选择【文件】→【导入】→【导入到舞台】菜单项，将素材图片导入到舞台并调整其大小，如图 9-79 所示。

图 9-79

第2步 在【时间轴】面板中，①单击【新建图层】按钮；②新建一个图层，如图 9-80 所示。

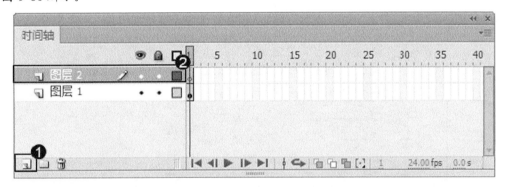

图 9-80

第3步 在工具箱中，①单击【椭圆工具】按钮；②设置填充颜色为"白色"；③在舞台中绘制出一个圆，如图 9-81 所示。

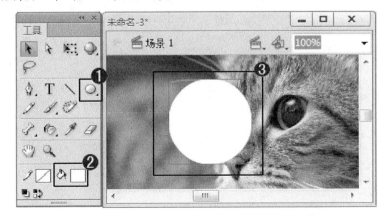

图 9-81

第4步 在工具箱中，①单击【选择工具】按钮 ；②在键盘上按住 Ctrl 键的同时，拖动绘制的圆形，将其复制到指定位置，如图 9-82 所示。

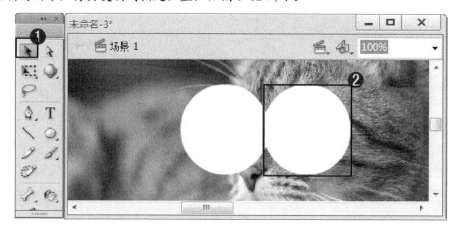

图 9-82

第5步 将绘制的两个圆形选中，在键盘上按下 F8 键，弹出【转换为元件】对话框，①在【类型】下拉列表框中，选择【影片剪辑】选项；②单击【确定】按钮，如图 9-83 所示。

图 9-83

第6步 转换为影片剪辑元件后，在舞台中双击影片剪辑元件进入元件的编辑模式，如图 9-84 所示。

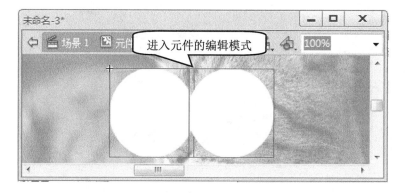

图 9-84

第7步　在【时间轴】面板中，选中第 20 帧，在键盘上按下 F6 键，插入关键帧，如图 9-85 所示。

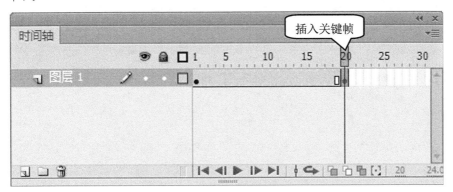

图 9-85

第8步　插入关键帧后，将两个圆形向右下角移动一段距离，如图 9-86 所示。

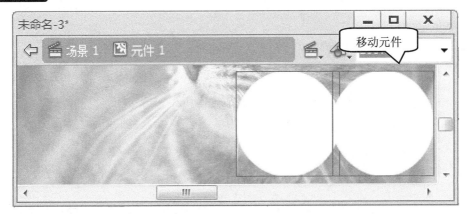

图 9-86

第9步　在【时间轴】面板中，选中第 40 帧，在键盘上按下 F6 键，插入关键帧，如图 9-87 所示。

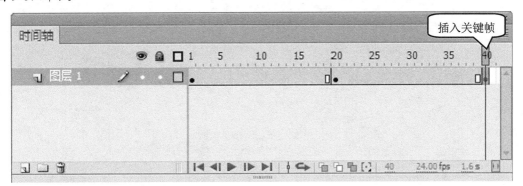

图 9-87

第10步　插入关键帧后，将两个圆形向左上角移动一段距离，如图 9-88 所示。

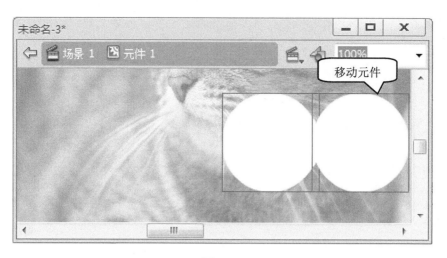

图 9-88

第 11 步 在【时间轴】面板中，选中第 60 帧，在键盘上按下 F6 键插入关键帧，如图 9-89 所示。

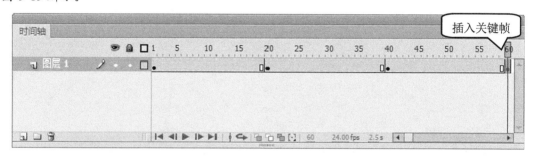

图 9-89

第 12 步 插入关键帧后，将两个圆形向右上角移动一段距离，如图 9-90 所示。

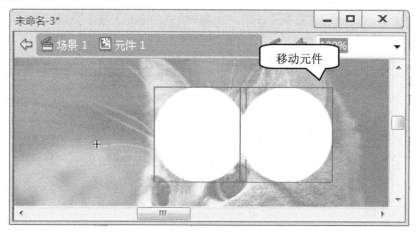

图 9-90

第 13 步 在第 1 帧至第 20 帧之间、第 20 帧至第 40 帧之间和第 40 帧至第 60 帧之间，右击，在弹出的快捷菜单中选择【创建传统补间】菜单项，如图 9-91 所示。

图 9-91

第14步 创建补间动画后，①选择【编辑】菜单项；②在弹出的下拉菜单中，选择【编辑文档】菜单项，如图 9-92 所示。

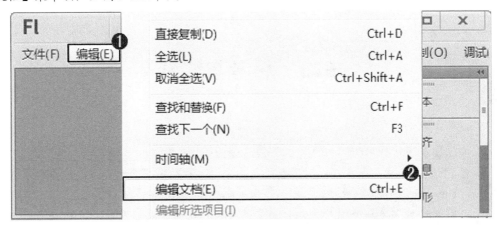

图 9-92

第15步 返回到场景 1，在【时间轴】面板中，右击【图层 2】图层，在弹出的下拉菜单中，选择【遮罩层】菜单项，如图 9-93 所示。

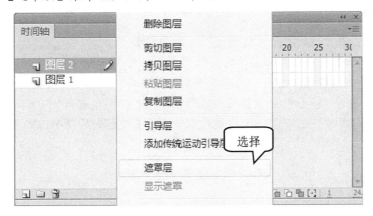

图 9-93

第16步 此时，在键盘上按下快捷键 Ctrl+Enter 检测刚刚创建的动画，通过以上方法即可完成制作望远镜扫描动画的操作，如图 9-94 所示。

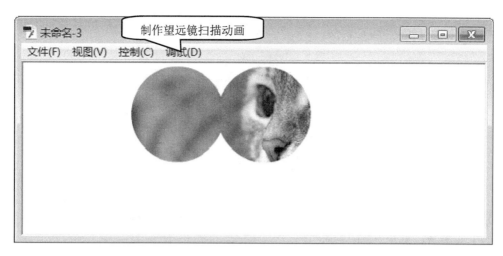

图 9-94

9.8　思考与练习

一、填空题

1. 按照图层用途的不同，用户可以将图层分为＿＿＿＿、＿＿＿＿和＿＿＿＿3 种。

2. 在 Flash CS6 中，用户可以对图层进行＿＿＿＿、更改图层名称、＿＿＿＿、新建图层文件夹、锁定和＿＿＿＿等基本操作。

3. 引导层动画需要两个图层，即＿＿＿＿以及在起始和结束位置应用传统补间动画的图层。引导层动画分为两种，一种是＿＿＿＿，另一种是＿＿＿＿。

4. 在遮罩层中，用户可以放置＿＿＿＿、＿＿＿＿和＿＿＿＿等对象，同时可将遮罩层放在＿＿＿＿的图层上，进而可透过遮罩层看到位于链接层下面的区域。

二、判断题

1. 在 Flash CS6 中，用户不可以创建一个新的图层。　　　　　　　　（　　）

2. 在【时间轴】面板中，如有不需要的图层用户可以将其删除。　　　　（　　）

3. 遮罩层是一种特殊的图层，遮罩层下面的图层内容就像一个窗口显示出来，除了透过遮罩层显示的内容，其余的被遮罩层内容都被遮罩层隐藏了起来。　　（　　）

4. 在 Flash CS6 中，运动动画是指使对象只能沿直线移动的动画形式运动。　（　　）

三、思考题

1. 如何删除图层？

2. 如何创建普通引导层？

第10章

骨骼的运动与 3D 动画的应用

本章要点

- 反向运动
- 3D 转换动画

本章主要内容

本章主要介绍了反向运动方面的知识与技巧，同时还讲解了 3D 转换动画方面的知识，在本章的最后还针对实际的工作需求，讲解了图形元件创建骨骼系统和删除骨骼的方法。通过本章的学习，读者可以掌握骨骼的运动与 3D 动画的应用，为深入学习 Flash CS6 知识奠定良好的基础。

10.1 反 向 运 动

反向运动是一种使用骨骼对对象进行动画处理的方式，这些骨骼按父子关系连接成线形或枝状的骨架，当一个骨骼移动时，与其连接的骨骼也发生相应的移动，使用反向运动可以方便地创建自然运动，本节将详细介绍反向运动方面的知识。

10.1.1 创建骨骼动画

在 Flash CS6 中，用户可以通过骨骼系统和反向运动工具为一系列独立的元件添加骨骼，使用【骨骼】工具可向元件实例和形状添加骨骼，下面详细介绍创建骨骼动画的操作方法。

> 素材文件　配套素材\第 10 章\素材文件\10.1.1　创建骨骼动画
> 效果文件　配套素材\第 10 章\效果文件\10.1.1　创建骨骼动画.fla

第 1 步 在 Flash CS6 中，在菜单栏中，选择【文件】→【打开】菜单项，打开素材文件，如图 10-1 所示。

第 2 步 分别选择各个图形，按下 F8 键将其转换为【图形】元件，如图 10-2 所示。

图 10-1

图 10-2

第 3 步 在工具箱中，①单击【任意变形工具】按钮；②分别选中各个图形元件，调整中心点位置到元件的顶部，如图 10-3 所示。

第4步 在工具箱中，①单击【骨骼工具】按钮，②选中腹部元件，按下鼠标左键并向上拖动，然后释放鼠标左键创建骨骼，如图 10-4 所示。

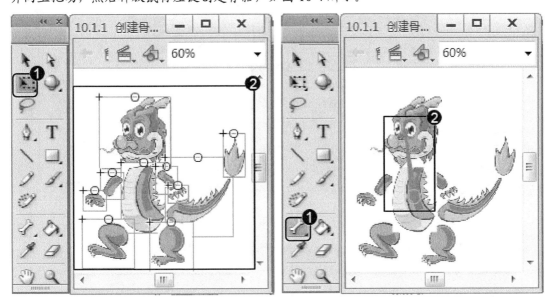

图 10-3　　　　　　　　　　　　　　　　　图 10-4

第5步 继续使用【骨骼工具】按钮，创建骨骼系统将其他元件依次连接，如图 10-5 所示。

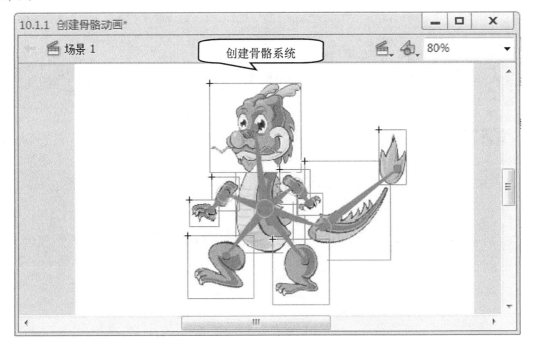

图 10-5

第6步 在【时间轴】面板的第 20 帧处右击，在弹出的快捷菜单中，①选择【插入姿势】菜单项；②在工具箱中单击【选择工具】按钮调整骨骼系统，如图 10-6 所示。

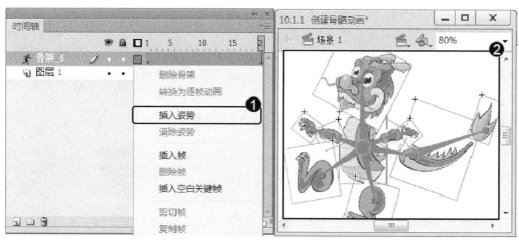

图 10-6

第7步 按住 Ctrl 键的同时，①选中第 1 帧上的对象；②右击，在弹出的快捷菜单中，选择【复制姿势】菜单项，如图 10-7 所示。

图 10-7

第8步 在【时间】面板的第 40 帧位置处右击，在弹出的快捷菜单中，选择【插入姿势】菜单项，如图 10-8 所示。

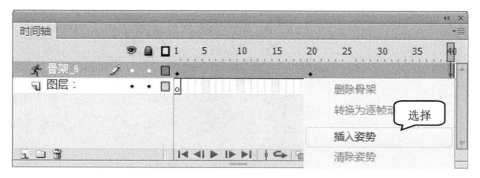

图 10-8

第9步 在【时间】面板的第 40 帧位置处右击，在弹出的快捷菜单中，选择【粘贴姿势】菜单项，如图 10-9 所示。

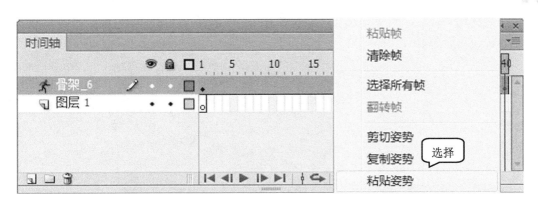

图 10-9

第 10 步 按下键盘上的快捷键 Ctrl+Enter 检测刚刚创建的动画，通过以上方法即可完成创建骨骼动画的操作，如图 10-10 所示。

图 10-10

10.1.2　编辑骨骼动画

创建骨骼动画后，用户可以使用多种方法重新定位骨骼及其关联的对象，可以在对象内移动骨骼，也可以更改骨骼长度、删除骨骼，以及编辑骨骼对象。

1. 选择骨骼和关联的对象

如果想要选择单个骨骼，可以在工具栏中使用选择工具单击该骨骼，在【属性】检查器中将显示骨骼的属性，在键盘上按下 Shift 键并可以选择多个骨骼。

若要将所选内容移动到相邻骨骼，可以在【属性】检查器中，单击【父级】、【子级】、【下一个/上一个同级】按钮。

如果要选择骨架中的所有骨骼，可以双击某个骨骼即可在【属性】检查器中显示所有
骨骼的属性，如图 10-11 所示。

图 10-11

2. 重新定位骨骼和关联对象

如果要重新定位线性骨架，可以拖动骨架中的任何骨骼，如果骨骼已连接到元件实例
中，还可以拖动实例。

如果要重新定位骨架的某个分支，可以拖动该分支中的任何骨骼，该分支中的所有骨
骼都将移动，骨架其他分支中的骨骼不会移动。

3. 绑定工具的使用

在移动骨架时，有时候对象扭曲的方式并不是自己想要的效果，这是因为默认情况下，
形状的控制点连接到离其最近的骨骼。

在移动骨架时，形状的笔触并不按令人满意的方式扭曲，可以使用绑定工具，编辑单
个骨骼和形状控制点之间的连接，就可以控制在每个骨骼移动时笔触扭曲的方式，以获得
更加满意的结果。

可以将多个控制点绑定到一个骨骼，以及将多个骨骼绑定到一个控制点，使用绑定工
具单击控制点或骨骼，将显示骨骼和控制点之间的连接，然后可以按各种方式更改连接。

如果要向选定的骨骼添加控制点，在键盘上按下 Shift 键，单击未加亮显示的控制点，也可以通过按住 Shift 键并拖动，来选择要添加到选定骨骼的多个控制点。

10.2　3D 转换动画

通过使用 3D 选择和平移工具，用户可以将只具备 2D 动画效果的动画元件，制作成具有空间感的补间动画，产生透视的视觉效果，本节将详细介绍 3D 转换动画方面的知识。

10.2.1　制作 3D 旋转动画

使用 3D 旋转工具，可以制作出 3D 旋转动画效果，通过 3D 旋转控件旋转影片剪辑实例，使其沿 X、Y、Z 轴旋转，产生三维透视效果，下面介绍创建 3D 旋转动画的操作方法。

第1步　新建文档，在菜单栏中，依次选择【文件】→【导入】→【导入到舞台】菜单项，导入素材图片，如图 10-12 所示。

图 10-12

第2步　选中导入的图片，按下 F8 键，弹出【转换为元件】对话框；①在【类型】下拉列表中，选择【影片剪辑】选项；②单击【确定】按钮，如图 10-13 所示。

图 10-13

第3步　在【时间轴】面板中右击第 1 帧，在弹出的快捷菜单中，选择【创建补间动画】菜单项，如图 10-14 所示。

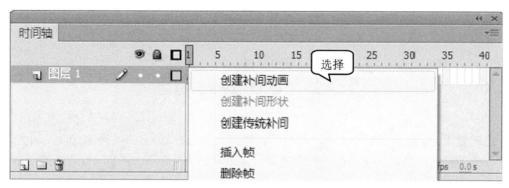

图 10-14

第4步 在【时间轴】面板，①在第 24 帧位置处单击；②在工具箱中，单击【3D 旋转工具】按钮 ，如图 10-15 所示。

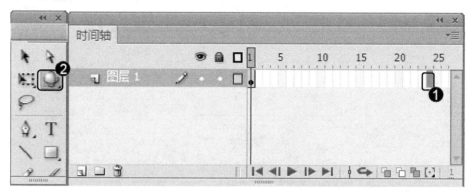

图 10-15

第5步 移动光标到旋转控件的 X 控件上，拖动鼠标可以将对象沿 X 轴旋转，如图 10-16 所示。

图 10-16

第6步 移动光标到旋转控件的 Y 控件上，拖动鼠标可以将对象沿 Y 轴旋转，如图 10-17 所示。

图 10-17

第 7 步　移动光标到旋转控件的 Z 控件上，拖动鼠标可以将对象沿 Z 轴旋转，如图 10-18 所示。

图 10-18

第 8 步　移动光标到最外部的橙色自由旋转控件上，拖动鼠标可以将对象沿 X、Y、Z 轴旋转，如图 10-19 所示。

图 10-19

第 9 步　按下键盘上的快捷键 Ctrl+Enter 检测刚刚创建的动画，通过以上方法即可完成制作 3D 旋转动画的操作，如图 10-20 所示。

图 10-20

 知识精讲

　　如果需要旋转多个影片剪辑实例只需要将其选中，再用【3D 旋转工具】移动其中一个，其他对象将以相同的方式移动，如果需要把轴控件移动到另一个对象上。按住 Shift 键的同时，单击这个对象即可。

10.2.2　全局转换与局部转换

　　在工具箱中，当选择了【3D 旋转工具】后，在工具箱下面的选项栏中增加一个【全局转换】按钮，即【3D 旋转工具】的默认模式是【全局转换】，与其相对的模式是【局部转换】，单击工具选项栏中的【全局转换】按钮，可以在这两个模式中进行转换。

　　两种模式的主要区别在于，在【全局转换】模式下的 3D 旋转控件方向与舞台无关，而【局部转换】模式下的 3D 旋转控件方向与舞台有关，如图 10-21 所示。

图 10-21

10.2.3　3D 平移工具的应用

在工具箱中，选择【3D 平移工具】按钮 ，可以用来在 3D 空间中移动影片剪辑实例，使用 3D 平移工具选中该影片剪辑后，在【属性】面板中，即可显示相应的参数，如图 10-22 所示。

图 10-22

> ➢ 【位置和大小】：主要显示实例元件的坐标位置，以及元件的宽和高。
> ➢ 【3D 定位和查看】：主要设置影片剪辑实例元件在 3D 控件中所处的位置。
> ➢ 【透视 3D 宽度/高度】：显示所选影片剪辑实例的透视宽度和高度，这两个数值是灰色的，显示不可编辑状态。
> ➢ 【透视角度】：用来控制应用了 3D 旋转或 3D 平移的影片剪辑实例的透视角度，此效果与通过镜头更改视角的照相机镜头缩放类似。
> ➢ 【消失点】：用来控制舞台上应用了 Z 轴平移或旋转的 3D 影片剪辑实例的 Z 轴方向，消失点的默认位置是舞台中心。
> ➢ 【重置】：若要将消失点移回舞台中心，可单击【属性检查器】的【重置】按钮。

10.3　实践案例与上机指导

通过本章的学习，读者基本可以掌握骨骼的运动与 3D 动画的应用，下面通过练习操作，以达到巩固学习和拓展提高的目的。

10.3.1 使用图形元件创建骨骼系统

通过为图形添加骨骼系统，用户可以制作图形变形动画，完成更加丰富的动画效果，下面详细介绍使用图形元件创建骨骼系统的操作方法。

> 素材文件　配套素材\第 10 章\效果文件\10.3.1　图形元件创建骨骼系统.fla
> 效果文件　配套素材\第 10 章\效果文件\10.3.1　图形元件创建骨骼系统.fla

第1步 启动 Flash CS6 中，执行【文件】→【打开】菜单项打开素材文件，如图 10-23 所示。

第2步 在工具箱中，①单击【骨骼工具】按钮 ；②在图形上创建骨骼系统，如图 10-24 所示。

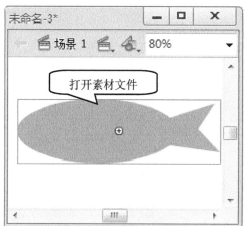

图 10-23

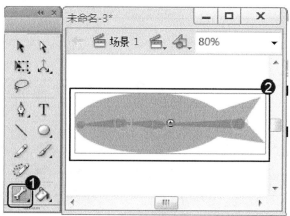

图 10-24

第3步 在【时间轴】面板中，在第 15 帧位置处右击，在弹出的快捷菜单中，选择【插入姿势】菜单项，如图 10-25 所示。

图 10-25

第4步 在工具箱中，①选择【选择工具】按钮 ；②将鼠标移动到骨骼上，调整骨骼形状，如图 10-26 所示。

第5步 在【时间轴】的第 8 帧位置，右击，在弹出的快捷菜单中，选择【插入姿势】菜单项，如图 10-27 所示。

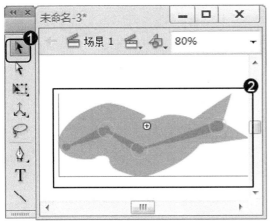

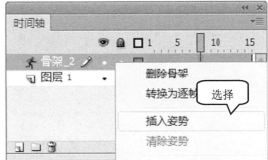

图 10-26　　　　　　　　　　　　　　　　　　图 10-27

第6步 在工具箱中，①选择【选择工具】按钮 ▶ ；②将鼠标移动到骨骼上调整骨骼形状，如图 10-28 所示。

第7步 按下键盘上的快捷键 Ctrl+Enter 检测刚刚创建的动画，通过以上方法即可完成图形元件创建骨骼系统的操作，如图 10-29 所示。

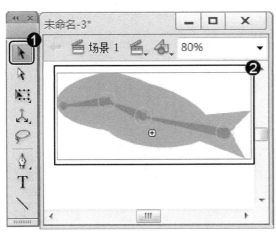

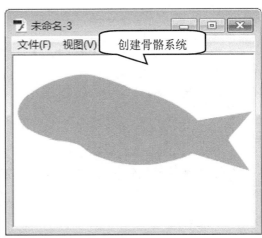

图 10-28　　　　　　　　　　　　　　　　　　图 10-29

10.3.2　删除骨骼

在 Flash CS6 中，如不再需要骨骼用户可以将其彻底删除，下面详细介绍删除骨骼的操作方法。

第1步 选择准备删除的骨骼，在键盘上按下 Delete 键，如图 10-30 所示。

第2步 通过以上方法完成删除骨骼的操作，如图 10-31 所示。

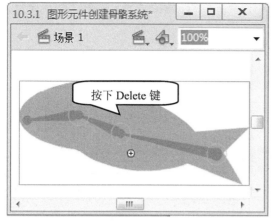

图 10-30

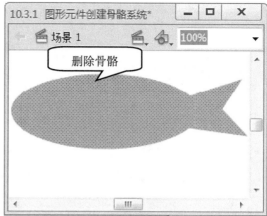

图 10-31

10.4 思考与练习

一、填空题

1. _____是一种使用骨骼对对象进行动画处理的方式，这些骨骼按_____连接成线形或枝状的骨架，当一个_____移动时，与其连接的骨骼也发生相应的移动，使用反向运动可以方便地创建自然运动。

2. 若要将所选内容移动到相邻骨骼，可以在【属性】检查器中，单击_____、_____、【下一个/上一个同级】按钮。

二、判断题

1. 使用 3D 旋转工具，用户不可以制作出 3D 旋转动画效果。　　　　　　（　　）

2. 选择【3D 平移工具】按钮，可以用来在 3D 空间中移动影片剪辑实例。　（　　）

3. 如果要选择骨架中的所有骨骼，可以双击某个骨骼，即可在【属性】检查器中显示所有骨骼的属性。　　　　　　　　　　　　　　　　　　　　　　　　（　　）

三、思考题

1. 如何选择单个骨骼？

2. 如何重新定位骨架的某个分支？

新起点
电脑教程

第11章

ActionScript 脚本的应用

本章要点

- ActionScript 基础常识
- ActionScript 编程基础
- ActionScript 的使用语法
- ActionScript 的数据类型
- 什么是运算符
- 应用【动作】面板
- 函数和类的应用
- 插入 ActionScript 代码

本章主要内容

本章主要介绍了 ActionScript 基础常识、ActionScript 编程基础、ActionScript 的使用语法和数据类型方面的知识与技巧，同时还讲解了什么是运算符、应用【动作】面板、插入 ActionScript 代码和函数以及类的应用方面的知识，在本章的最后还针对实际的工作需求，讲解了比较运算符与逻辑运算符和运算符的使用规则的方法。通过本章的学习，读者可以掌握 ActionScript 脚本应用方面的知识，为深入学习 Flash CS6 知识奠定良好的基础。

11.1 ActionScript 基础常识

ActionScript 是 Flash 的动作脚本语言,可用它在动画中添加交互性动作,可以在 Flash、Flex、AIR 内容和应用程序中实现其交互性,ActionScript 3.0 是一种面向对象的编程语言,与 C#、Java 等语言风格十分接近,本节将详细介绍 ActionScript 基础常识方面的知识。

11.1.1 ActionScript 的版本

ActionScript 2.0 是早期 ActionScript 1.0 的升级版,但并不是完全面向对象的语言,而且整个语法体系、编程风格以及界面都没有做很大的改动,只是在某些函数、对象的实现上做了扩充,新增了一些方法,提供了更为强大的对象支持。

ActionScript 3.0 脚本语言与早期的版本相比较,拥有大型数据集和面向对象的可重用代码库的高度复杂应用程序,使得编写脚本语言时更加简单方便,但并不是 ActionScript 2.0 的升级版。使用新型的虚拟机 AVM2 实现了 ActionScript 3.0 性能的改善,其代码的执行速度比早期的 ActionScript 代码快 10 倍,而早期版本的 ActionScript 虚拟机 AVM1 只能执行代码。而为了以后兼容现有内容和旧内容,Flash Player 9 支持 AVM1,所以在 FlashPlayer 9 中运行的动画不一定需要使用 ActionScript 3.0 编写。

在 ActionScript 3.0 中,所有时间都继承自相同的父亲层级,结构相同,更加有效地提高了程序的效率和利用率。

11.1.2 ActionScript 3.0 常用术语

在 ActionScript 3.0 中,为了更好地认识和编写脚本动作,下面详细介绍在 Flash CS6 中,一些动作脚本的常用术语。

- ➢ 动作:指定 Flash 动画在播放时执行某些操作的语句,是 ActionScript 语言的灵魂。
- ➢ 参数:用于向函数传递值的占位符。
- ➢ 类:用来定义新的对象类型,要定义类,应在外部脚本文件中使用 class 关键字,而不能借助【动作】面板编写。
- ➢ 常数:不变的元素。
- ➢ 构造器:用来定义类的属性和方法的函数。
- ➢ 数据类型:值以及可以在上面执行的动作的集合,包括字符串、数字、布尔值、对象、影片剪辑、函数、空值和未定义。
- ➢ 事件:SWF 文件播放时发生的动作。
- ➢ 表达式:任何产生值的语句片段。
- ➢ 函数:可以向其传递参数并能够返回值的可重复使用的代码块。
- ➢ 标识符:用来指示变量、属性、对象、函数或者方法的名称。
- ➢ 实例:属于某个类的对象,一个类的每一个实例都包含类的所有属性以及方法。

- ➢ 关键字：具有特殊意义的保留字。
- ➢ 方法：指被指派给某一个对象的函数，一个函数被分配后，可以作为这个对象的方法被调用。
- ➢ 操作符：从一个或多个值计算出一个新值的术语。
- ➢ 属性：定义对象的特征。

 知识精讲

　　在 ActionScript 3.0 中对象是属性的集合，每一个对象都有自己的名称和数值，通过对象可以自由访问某一个类型的信息；变量是保存某一种数据类型的值的标识符。目标路径则是影片剪辑实例名称、变量和对象的层次性的地址。

11.2　ActionScript 编程基础

　　在 Flash C6 中，所有的动画都可以通过 ActionScript 语言来实现，常用的编程基础包括变量声明、常量、大小写等，本节将详细介绍 ActionScript 编程基础方面的知识。

11.2.1　变量的定义

　　变量是包含信息的容量，容器本身不变，但内容可以更改。变量名用于区分变量的不同，变量值可以确定变量的类型和大小，可以在动画的不同部分为变量赋予不同的值，使变量在名称不变的情况下其值可以随时变化，变量可以是一个字母，也可以是由一个单词或几个单词构成的字符串。

1. 命名变量

在 Flash C6 中，使用变量名称时用户应该遵循以下规则。
- ➢ 变量名必须是一个标识符，不能包含任何特殊符号。
- ➢ 变量名不能是关键字及布尔值(true 和 false)。
- ➢ 变量名在其作用域中唯一。
- ➢ 变量名应有一定的意义，通过一个或者多个单词组成有意义的变量名可以使变量的意义明确。
- ➢ 可根据需要混合使用大小写字母和数字。
- ➢ 在 ActionScript 中，使用变量时应遵循"先定义后使用"的原则。

2. 变量的赋值

在 Flash CS6 中不需要声明一个变量的类型，当变量被赋值的时候，其类型被动态地确定。当然，也可以把赋值语句理解为变量的声明语句，例如：

```
X=2013;
```

上面的表达式声明了一个变量 X，其类型为 number 类型，并且 X 的值为 2013。对变量 X 的赋值可能还会改变它的数据类型。

3．变量的类型

在使用变量之前，应指定其存储数据的数据类型，该类型值将对变量的值产生影响，变量中主要有以下 4 种类型。

- ➢ 逻辑变量：判断指定的条件是否成立，值有两种，即 true 和 false，前者表示成立，后者表示不成立。
- ➢ 字符串变量：用于保存特定的文本信息。
- ➢ 数值型变量：用于存储一些特定的数值。
- ➢ 对象型变量：用于存储对象型的数据。

4．变量的作用域

在 ActionScript 3.0 中包括局部变量和全局变量，全局变量在整个动画的脚本中均有效，而局部变量只在它自己的作用域内有效，声明局部变量需要用到 var 语句，例如，在下面的例子中，i 是一个局部的循环变量，只在函数 init 中有效：

```
function init(){var i; }
    for(i=0; i<10; i++){randomArray[i] = random(100); }
```

局部变量可以防止名字冲突，以免因为名字的冲突导致程序的错误，例如，变量 n 是一个局部变量，可以用在一个 MC 对象中计数，而另外一个 MC 对象中可能也有一个变量 n，可能用作一个循环变量，因为区域不同，所以不会造成任何冲突。

使用局部变量的好处在于减少程序错误发生的可能，一个函数中使用局部变量会在函数内部被改变，而一个全局变量可以在整个程序的任何位置被改变，使用错误的变量可能会导致函数返回错误的结果。

此外，函数的参数也将作为该函数的一个局部变量来使用，例如：

```
x=4;
function test(x)
   { x=3;a=x}
   test(x)
```

程序执行后的结果是 a=3，x=4。可以看出 test 函数中的 x 参数作为函数内部的局部变量来处理。

5．变量的声明

在程序中，给一个变量直接赋值或者使用 setVariables 语句赋值，等于声明了全局变量；局部变量的声明需要用 var 语句。在一个函数体内用 var 语句声明变量，该变量就成了这个函数的局部变量，将在函数执行结束的时候被释放；在时间轴上使用 var 语句声明的变量也是全局变量，在整个动画结束时才会被释放掉。

在声明了一个全局变量之后，紧接着再次使用 var 语句声明该变量，这条 var 语句则无效，例如：

```
aVariable = 14;
var aVariable;
aVariable += 1;
```

在上面的脚本中，变量 aVariable 被重复声明了两次，其中 var 语句的声明被视为无效，脚本执行后，变量 aVariable 的值将为 15。

11.2.2　常量

在 ActionScript 3.0 中，使用常量和其他的编程开发语言一样作用都是相同的，常量就是值不会改变的量，变量则相反，Infinity 常量表示正 Infinity 的特殊值，此常量的值与 Number. POSITIVE_INFINITY 相同，例如：

除以 0 的结果为 Infinity(仅当除数为正数时)。

```
trace(0 / 0);  // NaN
trace(7 / 0);  // Infinity
trace(-7 / 0); // -Infinity
```

Infinity 常量，表示负 Infinity 的特殊值，此常量的值与 Number. NEGATIVE_INFINITY 相同，例如：

除以 0 的结果为 -Infinity(仅当除数为负数时)。

```
trace(0 / 0);  // NaN
trace(7 / 0);  // Infinity
trace(-7 / 0); // -Infinity
```

NaN 常量是 Number 数据类型的一个特殊成员，用来表示"非数字"(NaN) 值。当数学表达式生成的值无法表示为数字时，结果为 NaN。下面描述了生成 NaN 的常用表达式。

- ➢ 除以 0 可生成 NaN(仅当除数也为 0 时)。如果除数大于 0，除以 0 的结果为 Infinity，如果除数小于 0，除以 0 的结果为 –Infinity。
- ➢ 负数的平方根。
- ➢ 在有效范围 0~1 之外的数字的反正弦值。
- ➢ Infinity 减去 Infinity。
- ➢ Infinity 或-Infinity 除以 Infinity 或–Infinity。
- ➢ Infinity 或-Infinity 乘以 0。

NaN 值不被视为等于任何其他值(包括 NaN)，因而无法使用等于运算符测试一个表达式是否为 NaN。

11.2.3　关键字

在 ActionScript 中保留了一些具有特殊用途的单词便于调用，这些单词称为关键字。在编写脚本时，不能再将其作为变量、函数或实例名称使用，如表 11-1 所示。

表 11-1　关键字

break	else	Instanceof	typeof	delete
case	for	New	var	in
continue	function	Return	void	this
default	if	Switch	while	with

11.3　ActionScript 的使用语法

在编写 ActionScript 脚本的过程中，要熟悉其编写时的语法规则，其中常用的语法包括：点语法、括号、分号和注释等，本节将详细介绍 ActionScript 的使用语法方面的知识。

11.3.1　点

在 ActionScript 3.0 中，点(.)被用来指明与某个对象或电影剪辑相关的属性和方法，也用来标识指向电影剪辑或变量的目标路径。点语法表达式由对象或电影剪辑名称开头，接着是一个点，最后是要指定的属性结尾，例如：

_x 影片剪辑属性指示影片剪辑在舞台上的 X 轴位置，表达式 pallMC._x 引用影片剪辑实例 pallMC 的_x 属性，pallMC.play()引用影片剪辑实例的 play()方法。

点语法使用两个特殊的别名：_root 和_parent。别名_root 是指主时间轴，可以使用_root 别名创建一个绝对目标路径。

11.3.2　大括号

在 ActionScript 中，很多语法规则都沿用了 C 语言的规范，一般常用 "{}" 组合在一起形成块，把括号中的代码看作依据完整的句号，例如：

```
on(release){
    myDate = new Date();
curentMoth = myDate.getMoth();}
```

11.3.3　小括号

在定义函数时，要将所有参数都放在小括号中使用，在 ActionScript 中可以通过 3 种方式使用小括号 "()"。

第一种方法，可以使用小括号来更改表达式中的运算顺序，组合到小括号中的运算总是最先执行的，例如，小括号可用来改变如下代码中的运算顺序：

```
trace (2+3*4);  //14
trace ((2+3)*4);  //20
```

第二种方法可以结合使用小括号和逗号运算符(,)来计算一系列表达式并返回最后一个表达式的结果，例如：

```
var  a:int=4;
var  b:int=3;
trace ((a++,b++,a+b))  // 9
```

第三种方法可以使用小括号来向函数或方法传递一个或多个参数，如下面所示，trace()函数传递一个字符串值：

```
trace ("hello");  //hello
```

11.3.4　注释

需要记住一个动作的作用时，可在【动作】面板中使用 comment(注释)语句给帧或按钮动作添加注释。通过在脚本中添加注释，有助于理解想要关注的内容。

在【动作】面板中选择 comment 动作时，字符"//"被插入到脚本中，如果在创建脚本时加上注释，即使是较复杂的脚本也易于理解，例如：

```
on(release){
 //建立新的对象 myDate = new Date();
    currentMonth=myDate.getMonth();  //把用数字表示的月份转换为用文
字表示的月份 monthName = calcMoth(currentMonth);
year = myDate.getFullYear();
currentDate = myDate.getDat();
```

11.3.5　分号

ActionScript 语句用分号(;)结束，但如果省略语句结尾的分号，Flash 仍然可以成功地编译脚本，因此，使用分号只是一个很好的脚本撰写习惯，例如：

```
olum = passedDate.getDay();
row = 0;
```

同样的语句也可以不写分号：

```
colum = passdDate.getDay() row = 0
```

11.4　ActionScript 的数据类型

数据是程序的必要组成部分，编程时基本数据类型包括 Boolean、int、Null、Number、String、uint 和 void 等。

复杂数据类型则包含：Object、Array、Date、Error、Function、RegExp、XML 和 XMLList，本节将详细介绍 ActionScript 的数据类型方面的知识。

11.4.1　Boolean 数据类型

Boolean 是两位逻辑数据类型，Boolean 数据类型只包含两个值：true 和 false，其他任何值均无效，在 ActionScript 语句中，也会在适当的时候将值 true 和 false 转换为 1 和 0，一般情况下和运算符一起使用。

11.4.2　Null 数据类型

Null 数据类型仅包含一个值，即 null，以指示某个属性或变量尚未赋值，用户可以在以下情况下指定 null 值。

> ➤ 表示变量存在，但尚未接收到值。
> ➤ 表示变量存在，但不再包含值。
> ➤ 作为函数的返回值，表示函数没有可以返回的值。
> ➤ 作为函数的参数，表示可省略一个参数。

11.4.3　String 数据类型

String 数据类型表示的是一个字符串。无论是单一字符还是数千字符串，都使用这个变量类型，除了内存限制以外，对长度没有任何限制，但是，如何要赋予字符串变量，字符串数据应用单引号或双引号引用。

11.4.4　MovieClip 数据类型

影片剪辑是 Flash 应用程序中可以播放动画的元件，是唯一引用图形元素的数据类型。MovieClip 数据类型允许使用 MovieClip 类的方法控制影片剪辑元件。

调用 MovieClip 类的方法时不使用构造函数，可以在舞台上创建一个影片剪辑实例，然后只需使用点(.)运算符调用 MovieClip 类的方法，即可通过在舞台上使用影片剪辑和动态创建影片剪辑的方法实现。

11.4.5　int、Number 数据类型

int 数据类型是一个 32 位整数，值介于 $-2\,147\,483\,648 \sim +2\,147\,483\,647$ 之间，使用整数进行计算可以大幅度提高计算效率，int 型变量常常作为计数器的变量类型，也会在一些像素操作中作为坐标进行传递，如果处理范围超出 32 位时，可以使用 Number 数据类型。

Number 数据类型可以表示整数、无符号整数和浮点数，用于 int 和 uint 类型可以存储的数据，大于 32 位的整数值 Number 数据类型能够表示的最小值为 4.9406564584124654e-324，可使用常量 Number. MIN_VALUE 表示；最大值可表示到 1.79769313486231e+308，可使用常量 Number. MAX_VALUE 表示。

11.4.6　void 数据类型

void 类型只有一个值，即 undefined。void 数据类型的唯一作用是在函数中指示函数不返回值，例如：

```
function First():void{
    //内容省略
}
Function Second():Number{
    //内容省略
}
```

其中 First 函数无须返回值，而 Second 函数必须返回一个数字。

可以使用 trace 函数得到上述两个函数的返回值，将代码改写为如下形式。

```
//定义 First 函数
function First():void{
}
//定义 Second 函数
function Second():Number{
    //返回值 2
    return2;
}
//声明一个无类型变量 firstResult，将 first 运行结果赋予它
var firstResult:*=First();
var secondResult:*=Second();
//声明一个无类型变量 secondResult，将 second 运行结果赋予它
trace(firstResult. secondResult);
//输出 firstResult 和 secondResult 的值
```

上述代码运行结果为：

```
undefined 2
```

11.4.7　Object 数据类型

Object 数据类型是由 Object 类定义的，是属性的集合，是用来描述对象的特性的，每个属性都有名称和值，属性值可以是任何 Flash 数据类型，甚至可以是 Object 数据类型，这样就可以使对象包含对象。

11.5 什么是运算符

运算符是指定如何结合、比较或修改表达式值的字符，是在进行动作脚本编程过程中经常会用到的元素，运算符可以连接、比较、修改已经定义的数值。ActionScript 中的运算符分为：数值运算符、赋值运算符、逻辑运算符、等于运算符等，本节将详细介绍 ActionScript 中的运算符方面的知识。

11.5.1 数值运算符

数值运算符可以执行加法、减法、乘法、除法以及其他的数学运算，也可以执行其他算术运算，数值运算符的优先级别与一般的数学公式中的优先级别相同，下面将详细介绍数值运算符，如表 11-2 所示。

表 11-2 数值运算符

运 算 符	执行的运算	举 例	结 果
+	加法	A=8+3	A=11
−	减法	A=8−3	A=5
*	乘法	A=8*3	A=24
/	除法	A=8/3	A=2.6
%	求模	A=9%4	A=1
++	递增	A++	A 增加 1
--	递减	A--	A 减少 1

11.5.2 赋值运算符

赋值运算符主要用来将数值或表达式的计算结果赋给变量，可以使用赋值(=)运算符为变量赋值，如表 11-3 所示。

表 11-3 赋值运算符

运 算 符	执行的运算
=	赋值
+=	相加并赋值
−=	相减并赋值
*=	相乘并赋值

续表

运　算　符	执行的运算
%=	求模并赋值
/=	相除并赋值
<<=	按位左移并赋值
>>=	按位右移并赋值
>>>=	右移位填零并赋值
^=	按位【异或】并赋值
!=	按位【或】并赋值
&=	按位【与】并赋值

11.5.3　逻辑运算符

逻辑运算符也称与或运算符，是二元运算符，是对两个操作数进行"与"操作或者"或"操作，完成后返回布尔型结果。逻辑运算符也常用于条件运算和循环运算，一般情况下，逻辑运算符的两边为表达式，逻辑运算符具有不同的优先级，下面按优先级递减的顺序列出了逻辑运算符，如表 11-4 所示。

表 11-4　逻辑运算符

运　算　符	执行的运算
&&	如果 expression1 为 false 或可以转换为 false，则返回该表达式；否则，返回 expression2
||	如果 expression1 为 true 或可以转换为 true，则返回该表达式；否则，返回 expression2
!	对变量或表达式的布尔值取反

11.5.4　比较运算符

比较运算符用于比较表达式的值，然后返回一个布尔值，这些运算符常用于判断循环是否结束或用于条件语句中，如表 11-5 所示。

表 11-5　比较运算符

运　算　符	执行的运算
<	小于

续表

运　算　符	执行的运算
>	大于
<=	小于或等于
>=	大于或等于

11.5.5　位运算符

位运算符是对一个浮点数的每一位进行计算并产生一个新值。位运算符又可分为按位移位运算符和按位逻辑运算符。按位移位运算符有两个操作数，将第一个操作数的各位按第二个操作数指定的长度移位，按位逻辑运算符有两个操作数，执行位级别的逻辑运算，如表 11-6 所示。

表 11-6　位运算符

运　算　符	执行的运算
&	按位"与"
|	按位"或"
^	按位"异或"
~	按位"非"
<<	左移位
>	右移位
>>>	右移位填零

11.5.6　等于运算符

等于"＝"运算符用于确定两个操作数的值或标识是否相等,完成后返回一个布尔值(true或 false)，如果操作数为字符串、数字或布尔值，则会按数值进行比较。

等于运算符也常用于条件和循环运算，原理与条件运算符类似。

全等"=="运算符与等于运算符相似，但是有一个很重要的差异，即全等运算符不执行类型转换，如果两个操作数属于不同的类型，全等运算符就会返回 false，不全等"!="运算符会返回全等运算符的相反值。用赋值运算符检查等式是常见的错误，所有运算符都具有相同的优先级，如表 11-7 所示。

表 11-7　等于运算符

运　算　符	执行的运算
=	等于

续表

运 算 符	执行的运算
==	全等
=!	不等于
!==	不全等

11.6　应用【动作】面板

对 Flash CS6 中的 ActionScript 动作脚本进行编程，可以轻松制作出绚丽的影片特效、功能齐全的互动程序和趣味十足的游戏等。

【动作】面板是 ActionScript 编程的专用环境，在菜单栏中，选择【窗口】→【动作】菜单项，即可打开【动作】面板，如图 11-1 所示。

图 11-1

1.　动作工具箱

动作工具箱中包含了所有的 ActionScript 动作命令和相关的语法。在列表中，单击![按钮图标]按钮，即可打开该文件夹，其中包含子层级图标![图标]，表示一个可使用的命令、语法或者其他的相关工具。

2. 对象窗口

对象窗口位于面板的左下角，在该窗口中可以快捷地添加动作脚本，从而节省了在场景中寻找及切换编辑窗口的步骤，大大地提高了工作效率。

3. 动作编辑区

动作编辑区是动作面板的主要组成部分，一般用于编写程序，在该窗口中的动作脚本将直接作用于影片，从而使影片产生互动效果。

4. 工具栏

在工具栏中，单击程序编辑窗口左上角的【将新项目添加到脚本中】按钮 ，在弹出下拉菜单中，即可选择要添加的命令项目；单击【查找】按钮 ，弹出【查找】对话框，在【查找内容】文本框中，输入准备查找的内容，即可查找内容；如果要替换内容，只需要在其中的【查找内容】文本框中输入准备查找的内容，在【替换为】文本框中，输入准备替换的内容，单击【替换】按钮即可；单击【插入目标路径】按钮 ，弹出【插入目标路径】对话框，选择准备插入的对象，单击【确定】按钮，即可插入目标路径。

单击【语法检查】按钮 ，可以检查脚本程序中的错误；单击【显示代码提示】按钮 ，会实时地检测输入的程序；单击【调试选项】按钮 ，可切换断电以及删除所有断点选项。

11.7　函 数 和 类

在 Flash CS6 中，用户可以运用函数和类的操作编辑创建的动画，本节将详细介绍函数和类方面的知识。

11.7.1　定义自己的函数

创建一个函数需要有函数的定义，自定义函数由用户根据需要自行定义。在自定义函数中，可以定义一系列的语句对其进行运算，最后返回运算结果，下面是一个简单函数的定义：

```
//计算矩形面积的函数
function areaOfBox(a, b) {
return a*b; //在这里返回结果
}
// {测试函数
area = areaOfBox(3, 6);
trace("area="+area);
}
```

下面分析一下函数定义的结构，function 关键字说明这是一个函数定义，其后便是函数的名称：areaOfBox，函数名后面的括号内是函数的参数列表，大括号内是函数的实现代码。如果函数需要返回值，可以使用 return 关键字加上要返回的变量名、表达式或常量名。在一个函数中可以有多个 return 语句，但只要执行了其中的任何一个 return 后，函数便自行终止。

因为 Actionscript 的特殊性，函数的参数定义并不要求参数类型的声明，虽然把上例中倒数第二行改为 area = areaOfBox("3", 6); 也同样可以得到 18 的结果，但是这对程序的稳定性非常不利(假如函数里面用到了 a+b 的话，就会变成字符串的连接运算，结果自然会出错)。所以，有时候在函数中类型检查是不可少的。

在函数体中参变量用来代表要操作的对象。在函数中对参变量的操作，就是对传递给函数的参数的操作。在调用函数时，上例中的 a*b 会被转化为参数的实际值 3*6 处理。

函数还有一种创建方法，叫作函数显式声明(function literal)，例如：

```
areaOfBox = function(a,b) {return a*b;};
trace("area="+areaOfBox(2,3));
```

这种形式的声明经常用在对象的方法或是函数库的函数声明中。

11.7.2　通过 call 和 apply 方法调用函数

在 Flash CS6 的 Actionscript 中，函数(Function)其实是内建的对象，所以可以通过 call 和 apply 方法调用。

```
//计算面积的函数
function areaOfBox(a, b) {
this.value = a*b; //将结果赋给 this 所代表的对象的 value 属性
}
//创建新对象
object_2 = new Object();
object_2.value = 0; //为对象加入 value 属性并给予初值 0
object_3 = object_2;
//由 object_2 复制出一个 object_3, 此时两者的 value 属性均为 0
//测试函数
areaOfBox.call(object_1, 3, 6);
trace("object_1.value="+object_1.value);
array_ab = [4, 5]; //创建参数数组
areaOfBox.apply(object_2, array_ab);
```

11.7.3　类的基本要素

在 ActionScript 3.0 中类是最基本的编程结构，所以必须先掌握编写类的基础知识，所有的类都必须放在扩展名为.as 的文件中，每个 as 文件里只能定义一个 public 类，且类名要与.as 的文件名相同，这一点和 Java 是完全相同的。

另外，在 ActionScript 3.0 中所有的类都必须放在包中，用包来对类进行分类管理，相当于文件系统的目录，默认的类路径就是项目的根目录，即包含 mxml 文件的所在目录。

Object 数据类型不再是默认的数据类型，尽管其他所有类是派生的，在 ActionScript 2.0 中下面两行代码等效，因为缺乏类型注释意味着变量为 Object 类型。

```
var  someobj: object;
var  someobj;
```

但是，ActionScript 3.0 引入了无类型变量这一概念，这一类变量可通过以下两种方法来指定。

```
var  someobj: *
var  someobj;
```

可以使用 class 关键字来定义自己的类，可以通过 3 种方法来声明类属性(property)：用 const 关键字定义常量；用 var 关键字定义变量；用 get 和 set 属性(attribute)定义 getter 和 setter 属性(property)。

可使用 new 运算符来创建类的实例，下面的示例创建了 Date 类的一个名为 myBirthday 的实例。

```
var myBirthday: Date = new Date();
```

11.7.4 编写自定义类

和 Java 一样，ActionScript 也有命名控件和包，比如 com.jherrington.animals，其表示 company/animal 下的类，可以把类放到默认的命名空间。

要使用 class 关键字定义一个类，例如：

```
package com.jherrington.animals {
public class Animal { public function Animal()
{
}
{
}
```

在这个例子中，定义了一个 Animal 类，以及构造函数，还可以容易地添加一些成员变量并完整这个构造函数，例如：

```
package com.jherrington.animals
{ public class Animal
{
Public var name:String = "";
Private var age:int = 0;
Private function Animal ( _name:String,_age:int = 30 )
{
name = _name;
```

```
age = _age;
    }
  }
}
```

这里给一个 Animal 对象定义了两个成员变量：name 和 age。构造函数可以接受一个或两个函数；不是单独的 name，就是 name 和 age，也可以在函数声明中为参数提供默认的值。

11.8　插入 ActionScript 代码

在 Flash CS6 中，插入 ActionScript 代码可以通过在按钮中插入 ActionScript、在帧中插入 ActionScript 和在影片剪辑中插入 ActionScript。本节将详细介绍插入 ActionScript 代码方面的知识。

11.8.1　在影片剪辑中插入 ActionScript

在影片剪辑中添加代码与在按钮中添加代码较为类似，当发生某个影片剪辑的响应事件时将执行相应的代码。下面详细介绍在影片剪辑中插入 ActionScript 的操作方法。

选中要添加代码的影片剪辑元件，在菜单栏中，选择【窗口】→【动作】菜单项，打开【动作】面板，单击【动作】工具栏中的【将新项目添加到脚本中】 ，选择【全局函数】→【影片剪辑控制】→removeMovieClip 选项，即可添加 ActionScript 代码，如图 11-2 所示。

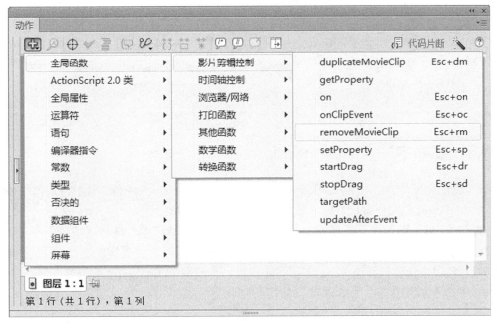

图 11-2

11.8.2 在按钮中插入 ActionScript

在按钮中添加代码是最为普遍的一种做法，按钮中的代码一般都包含在 on 事件之内。下面详细介绍在按钮中插入 ActionScript 的操作方法。

选中要添加代码的按钮元件，在菜单栏中，选择【窗口】→【动作】菜单项，打开【动作】面板，在【动作编辑区】中输入 ActionScript 代码即可，在设置按钮的动作时，必须要明确鼠标事件的类型，在【动作】面板中输入 on 时，显示相关的鼠标事件，如图 11-3 所示。

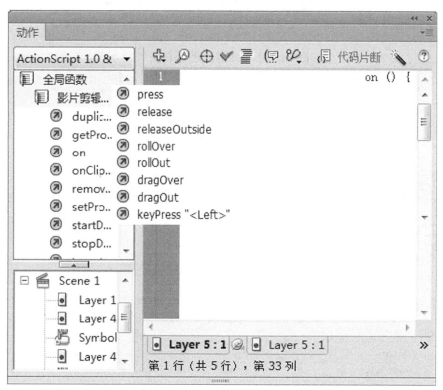

图 11-3

11.8.3 在帧中插入 ActionScript

在 Flash CS6 中给帧添加 ActionScript，帧的类型必须是关键帧。下面详细介绍在帧中插入 ActionScript 的操作方法。

在【时间轴】面板中，选择添加动作的关键帧，在菜单栏中，选择【窗口】→【动作】菜单项，打开【动作】面板，输入代码，此时，用户可以查看到关键帧上出现了一个小小的 "a"，代表该帧处已经添加 ActionScript 代码，在编写 ActionScript 代码时，最好将代码放置在一个特定的图层中，这样可以使图层结构更加清晰，方便对图层之间的操作，如图 11-4 所示。

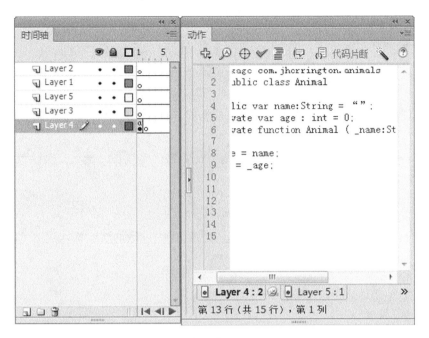

图 11-4

11.9　实践案例与上机指导

通过本章的学习，读者基本可以掌握 ActionScript 脚本应用方面的知识。下面通过练习操作，以达到巩固学习和拓展提高的目的。

11.9.1　比较运算符与逻辑运算符

比较运算符和逻辑运算符通常用来测试真假值，有时也被归为一类，统称为逻辑运算符，最常见的逻辑运算就是循环和条件的处理，用来判断是否该离开循环或继续执行循环内的指令。下面详细介绍其操作方法，如表 11-8 所示。

表 11-8　比较运算符和逻辑运算符

运 算 符	意 义	运 算 符	意 义
<	小于	&&	并且(And)，两边表达必须为 true
>	大于	||	或者(or)，两边表达式只要一个为 true
<=	小于等于	!	不(Not)
>=	大于等于	===	两个表达式，包括表达式类型都相等，结果为 true
==	等于		
!=	不等于	!==	测试结果与全等运算符(===)正好相反

11.9.2　运算符的使用规则

不同的运算符都是有优先顺序的，在使用运算符之前，必须先了解运算符的使用规则，下面详细介绍运算符的使用规则。

当两个或多个运算符被使用在同一个语句中时，一些运算符要比其他一些运算符优先，这称为运算符的优先级规则。

ActionScript 按照精确的等级来决定哪一个运算符优先执行，例如，乘法总是在加法之前执行等，例如：

```
var total : Number = 3+4*2;
```

结果是 11。但是如果有括号括住加法运算，则要先进行加法运算，然后才是乘法。

```
var total : Number = (3+4)*2;
```

其结果就是 14。

11.10　思考与练习

一、填空题

1. 动画都可以通过 ActionScript 语言来实现，常用的编程基础包括_____、_____、_____等。

2. 在编写 ActionScript 脚本的过程中，要熟悉其编写时的语法规则，其中常用的语法包括_____、_____、分号和_____等。

3. 数据是程序的必要组成部分，编程时基本数据类型，包括_____、_____、_____、_____、_____、uint 和_____等。

二、判断题

1. 在 ActionScript 3.0 中，所有时间都继承自相同的父亲层级，结构相同，更加有效地提高了程序的效率和利用率。　　　　　　　　　　　　　　　　　　　（　　）

2. 在按钮中添加代码是最普遍的一种做法，按钮中的代码一般都包含在 no 事件之内。　　　　　　　　　　　　　　　　　　　　　　　　　　　　　　（　　）

三、思考题

1. 如何在按钮中插入 ActionScript？

2. 什么是 Boolean 数据类型？

第12章

用ActionScript创建交互式动画

本章要点

- 编写与管理脚本
- 调试脚本
- 创建交互式动画

本章主要内容

本章主要介绍了编写与管理脚本和调试脚本方面的知识与技巧，同时还讲解了创建交互式动画方面的知识，在本章的最后还针对实际的工作需求，讲解了制作全屏效果和个性指针的方法。通过本章的学习，读者可以掌握用ActionScript创建交互式动画方面的知识，为深入学习 Flash CS6 知识奠定良好的基础。

12.1　编写与管理脚本

在 Flash CS6 中撰写脚本时，用户可以使用【动作】面板将脚本附加到时间轴上的一个帧，可以通过使用动作脚本，确定事件何时发生并根据事件执行特定的脚本。本节将详细介绍编写与管理脚本方面的知识。

12.1.1　脚本编写方法与要点

编写 Flash 动作脚本要明确想要编写的目标和需要达到的效果，学习动作脚本的最佳方法是编写脚本。下面详细介绍使用【动作】面板编写脚本的操作方法。

如果准备添加函数或者语句等语言元素，可在【动作】工具箱中，双击该按钮，或者单击【将新项目添加到脚本中】按钮，即可选择相应的项目。

在使用【动作】面板编写脚本时，Flash CS6 可自动检测正在输入的动作并提示准备使用的新代码，即包含该动作的完整语法提示，或弹出可能使用的方法或属性名称菜单栏，如图 12-1 所示。

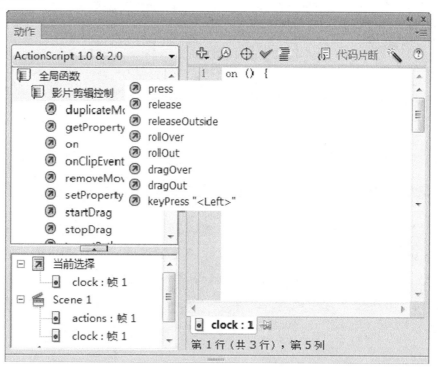

图 12-1

要触发提示代码，是需要有一定的条件的，即要严格指定对象类型；使用特定的后缀触发代码提示，在命名对象时，通过为其增加一些特殊后缀，也可以触发代码提示。下面详细介绍支持代码提示所需的后缀，如表 12-1 所示。

表 12-1　支持代码提示所需的后缀

对象类型	变量后缀	对象类型	变量后缀	对象类型	变量后缀
Array	_array	按钮	_btn	摄像头	_cam
Color	_color	ContextMenu	_cm	ContextMenuItem	_cmi
日期	_date	Error	_err	LoadVars	_lv
LocalConnection	_lc	麦克风	_mic	MovieClip	_mc
MovieClipLoader	_mcl	PrintJob	_pj	NetConnection	_nc
NetStream	_ns	SharedObject	_so	Sound	_sound
字符串	_str	TextField	_txt	TextFormat	_fmt
Video	_video	XML	_xml	XMLNode	_xmlnode
XMLSocket	_xmlsocket				

12.1.2　使用脚本助手

　　脚本助手可避免可能出现的语法和逻辑错误，但是使用脚本助手要熟悉 ActionScript，知道创建脚本时要使用什么方法、函数和变量。下面详细介绍使用脚本助手方面的知识。

　　打开【动作】面板，单击【脚本助手】按钮，即可使用脚本助手，如图 12-2 所示。

图 12-2

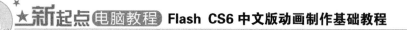

在【脚本助手】模式中，【动作】面板会发生如下变化。

➢ 在【脚本助手】模式下，【添加】🔁按钮的功能有所变化。 选择【动作】工具箱
或【添加】菜单中的某个项目时，该项目将添加到当前所选文本块的后面。

➢ 使用【删除】按钮 ➖，用户可以删除【脚本】窗格中当前所选的项目。

➢ 使用向上和向下箭头，用户可以将【脚本】窗格中当前所选的项目在代码内向上
方或向下方移动。

➢ 【动作】面板中，通常可见的【语法检查】、【自动套用格式】、【显示代码提
示】 和【调试选项】按钮和菜单项会禁用，因为这些按钮和菜单项不适用于"脚
本助手"模式。

➢ 只有在框中输入文本时，才会启用【插入目标】按钮。

12.2 调 试 脚 本

在 Flash CS6 中，用户可以使用调试器来查找使用 Flash Player 播放文件时出现的错误。
下面将详细介绍调试脚本方面的知识。

在菜单栏中，选择【调试】→【调试影片】→【调试】菜单项，即可打开 ActionScript 2.0
调试器，在当前调试器中显示文件，可以修改变量和属性的值，还可以使用断点停止 SWF
文件并逐行跟踪动作脚本代码，如图 12-3 所示。

图 12-3

如果希望查看 SWF 文件中的对象和变量信息，可在菜单栏中选择【控制】→【测试影
片】菜单项，进入影片测试状态，然后选择【调试】菜单栏中的【对象列表】选项，即可
查看文件对象的变量信息。

12.3 创建交互式动画

创建交互式动画可以使用 gotoAndPlay 和 gotoAndStop 制作、语句 getURL 连接到网页和制作发送电子邮件按钮，创建交互式动画。本节将详细介绍创建交互式动画方面的知识。

12.3.1 制作跳转播放

在制作 Flash 网站时，跳转是经常使用的手段，用户可以通过将语句 getURL 连接到网页来实现。下面详细介绍制作跳转播放的操作方法。

素材文件 配套素材\第 12 章\素材文件\12.3.1 制作跳转播放.png
效果文件 配套素材\第 12 章\效果文件\12.3.1 制作跳转播放.fla

第 1 步 新建文档，在舞台中导入准备打开的素材文件并调整其大小，如图 12-4 所示。

图 12-4

第 2 步 选择导入的图像，在键盘上按下快捷键 Ctrl+F8，弹出【创建新元件】对话框，①在【名称】文本框中，输入准备使用的名称；②在【类型】下拉列表框中，选择【按钮】选项；③单击【确定】按钮，如图 12-5 所示。

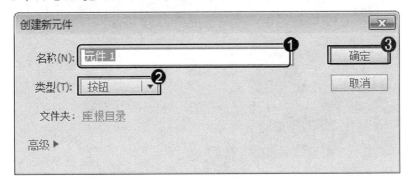

图 12-5

第3步 在工具箱中，①单击【矩形工具】按钮□；②在【属性】面板中，设置参数；③在舞台中绘制一个矩形，如图 12-6 所示。

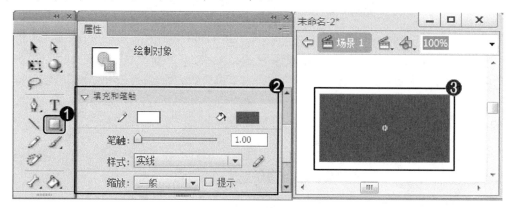

图 12-6

第4步 在工具箱中，①单击【文本工具】按钮 T；②在【属性】面板中，设置参数；③在矩形元件中，输入文本内容，如"青葱岁月"，如图 12-7 所示。

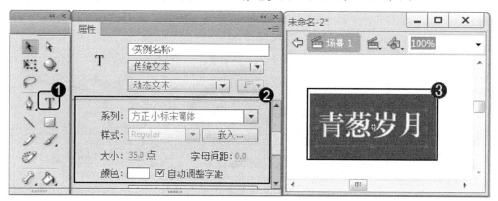

图 12-7

第5步 在当前场景中，①单击【场景 1】按钮，返回至主场景中；②在【时间轴】面板中，单击【新建图层】按钮□；③新建一个图层，如"图层 2"，如图 12-8 所示。

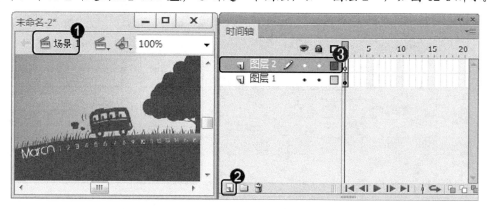

图 12-8

第6步 打开【库】面板，将创建的按钮元件拖曳到舞台中的相应位置，如图 12-9 所示。

图 12-9

第7步 选中【按钮】元件，在【时间轴】面板的新建图层中，选择任意一帧，打开【动作】面板，在面板中设置代码，如图 12-10 所示。

图 12-10

第8步 在【动作】面板中输入代码后，在【属性】面板中，①在【目标】下拉列表框中，选择 Flash Player 8 选项；②在【脚本】下拉列表框中，选择 ActionScript 2.0 选项，如图 12-11 所示。

第9步 在键盘上按下快捷键 Ctrl+Enter 检测刚刚创建的动画，单击按钮即可对动画进行相应的控制，如图 12-12 所示。

图 12-11

图 12-12

12.3.2 控制动画播放进程按钮

当没有任何语句对影片进行控制时，影片会从第一帧开始按顺序播放到最后一帧，不会停止，下面以使用 gotoAndPlay 和 gotoAndStop 制作动画按钮为例，详细介绍如何制作控制动画播放按钮的操作方法。

 素材文件　配套素材\第 12 章\素材文件\12.3.2　控制动画播放进程按钮
　　　　　　　效果文件　配套素材\第 12 章\效果文件\12.3.2　控制动画播放进程按钮.fla

第 1 步 新建文档，导入准备打开的素材文件，如图 12-13 所示。

图 12-13

第2步 选择导入的图像，在键盘上按下快捷键 Ctrl+F8，弹出【创建新元件】对话框，①在【名称】文本框中，输入准备使用的名称；②在【类型】下拉列表框中，选择【按钮】选项；③单击【确定】按钮，如图 12-14 所示。

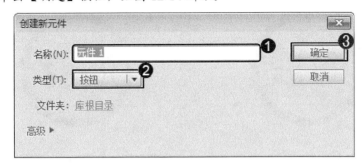

图 12-14

第3步 在工具箱中，①单击【椭圆工具】按钮◯；②在【属性】面板中设置参数；③在舞台中绘制一个圆形，如图 12-15 所示。

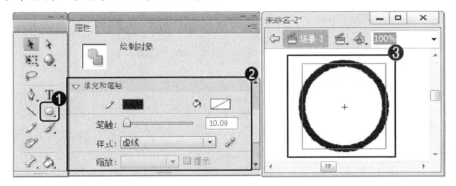

图 12-15

第4步 在工具箱中，①单击【文本工具】按钮 T；②在【属性】面板中设置参数；③在圆形元件中输入文本内容，如"海洋"，如图 12-16 所示。

图 12-16

第5步 在当前场景中，单击【场景 1】按钮，返回至主场景中，运用上述方法再创建两个圆形按钮元件，如"海浪"、"海豚"，如图 12-17 所示。

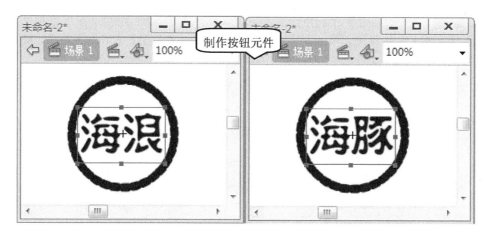

图 12-17

第6步 制作元件后返回至主场景中，在【时间轴】面板中，①单击【新建图层】按钮；②新建一个图层，如"图层2"，如图 12-18 所示。

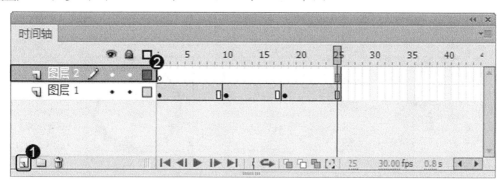

图 12-18

第7步 打开【库】面板，将 3 个按钮元件拖曳到舞台中并进行排列，如图 12-19 所示。

图 12-19

第8步 选中【海浪】按钮元件，在【动作】面板中输入代码，设置播放功能，如图 12-20 所示。

第9步 选中【海洋】按钮元件，在【动作】面板中输入代码，设置停止功能，如图 12-21 所示。

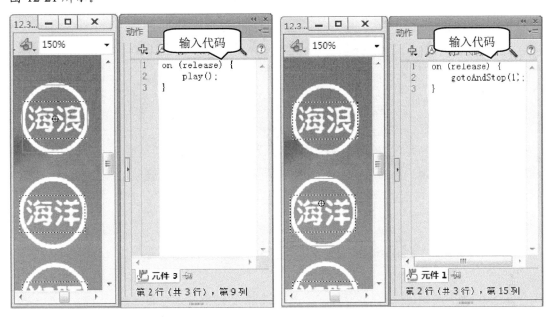

图 12-20　　　　　　　　　　　　　　图 12-21

第10步 选中【海洋】按钮元件，在【动作】面板中输入代码，设置暂停功能，如图 12-22 所示。

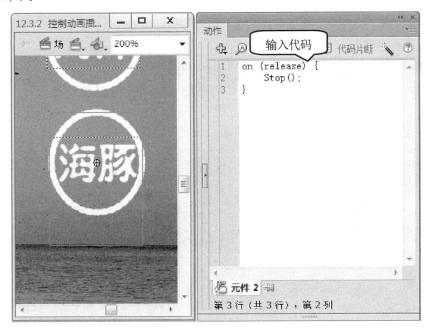

图 12-22

第11步 在键盘上按下 Ctrl+Enter 快捷键检测刚刚创建的动画，单击按钮即可对动画进行相应的控制，如图 12-23 所示。

图 12-23

12.4 实践案例与上机指导

通过本章的学习，读者基本可以掌握用 ActionScript 创建交互式动画方面的知识。下面通过练习操作，以达到巩固学习和拓展提高的目的。

12.4.1 制作全屏效果

在 Flash CS6 中，用户可以利用 fullScreen 语句制作全屏播放 Flash 动画。下面介绍制作全屏效果的操作方法。

素材文件　配套素材\第 12 章\素材文件\13.4.1　制作全屏效果
效果文件　配套素材\第 12 章\效果文件\13.4.1　制作全屏效果.fla

第1步 新建文档，导入准备打开的素材文件并调整其大小，如图 12-24 所示。

图 12-24

第2步 在【时间轴】面板中，①单击【新建图层】按钮 ；②新建一个图层；③选择新图层的第一帧，如图 12-25 所示。

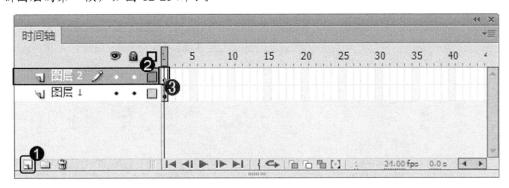

图 12-25

第3步 打开【动作】面板，在其中输入准备设置的代码，如图 12-26 所示。

第4步 将文档发布成.swf 文件，打开发布的.swf 文件，即可查看全屏的效果，如图 12-27 所示。

图 12-26

图 12-27

12.4.2　制作个性指针

在网络动画中经常会看到个性的鼠标指针，它是利用脚本语言中的 startDrag 来完成的。下面详细介绍制作个性指针的操作方法。

素材文件	配套素材\第 12 章\素材文件\12.4.2　制作个性指针
效果文件	配套素材\第 12 章\效果文件\12.4.2　制作个性指针.fla

第1步 新建文档，在菜单栏中依次选择【文件】→【导入】→【导入到舞台】菜单项，导入背景素材文件，如图 12-28 所示。

图 12-28

第2步 在【时间轴】面板左下角，①单击【新建图层】按钮 ；②新建【图层 2】，如图 12-29 所示。

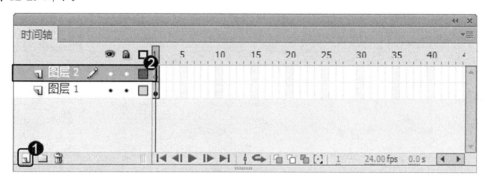

图 12-29

第3步 在菜单栏中依次选择【文件】→【导入】→【导入到舞台】菜单项，导入指针素材文件并调整其大小，如图 12-30 所示。

图 12-30

第4步 在键盘上按下 F8 键，弹出【转换为元件】对话框，①在【类型】下拉列表框中，选择【影片剪辑】选项；②单击【确定】按钮，如图 12-31 所示。

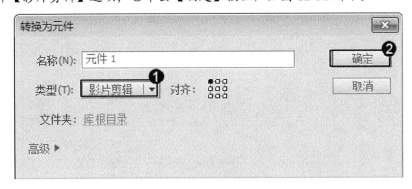

图 12-31

第5步 选中影片剪辑元件，在【属性】面板的【实例名称】文本框中，输入名称"xx"，如图 12-32 所示。

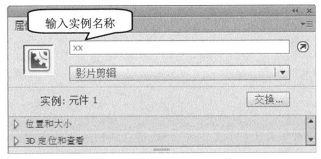

图 12-32

第6步 选中【图层 2】的第 1 帧，打开【动作】面板在其中输入代码，如"startDrag();"，如图 12-33 所示。

图 12-33

第7步 将鼠标光标放置在()中间，①单击【插入目标路径】按钮 ⊕；②弹出【插入目标路径】对话框，选择 xx 选项；③单击【确定】按钮，如图 12-34 所示。

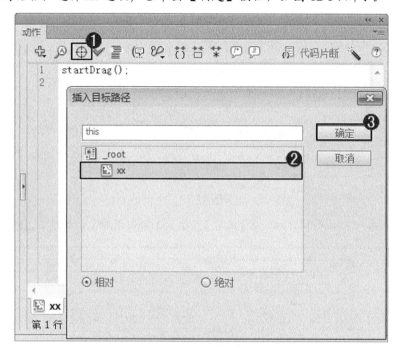

图 12-34

第8步 在【动作】面板中修改当前代码，将代码修改为 "startDrag("_root.xx",true);"，如图 12-35 所示。

图 12-35

第9步 将鼠标光标放置在代码后，在【动作】工具箱中依次选择【ActionScript 2.0 类】→【影片】→Mouse→【方法】→hide 菜单项，插入 hide 语句，如图 12-36 所示。

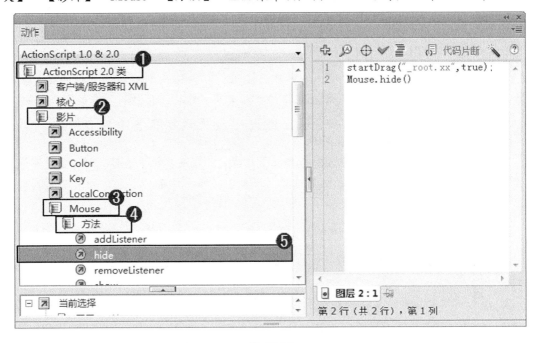

图 12-36

第10步 在键盘上按下快捷键 Ctrl+Enter 检测刚刚创建的动画，通过以上方法即可完成制作个性指针的操作，如图 12-37 所示。

图 12-37

12.5 思考与练习

一、填空题

1. 在 Flash CS6 中撰写脚本时，用户可以使用_____将脚本附加到【时间轴】上的一个_____，可以通过使用动作脚本确定事件何时发生并根据事件执行特定的_____。

2. 脚本助手可避免可能出现的_____和_____，但是使用脚本助手要熟悉 ActionScript，知道创建脚本时要使用什么方法、_____和变量。

3. 如果希望查看 SWF 文件中的对象和变量信息，可在菜单栏中选择_____→【测试影片】菜单项，进入影片测试状态，然后选择【调试】菜单栏中的_____，即可查看到文件对象的_____。

二、判断题

1. 在 Flash CS6 中，用户不可以使用【调试器】来查找使用 Flash Player 播放文件时出现的错误。   (   )

2. 在菜单栏中，选择【调试】→【调试影片】菜单项，这样即可打开 ActionScript 2.0 调试器。   (   )

3. 在 Flash CS6 中，可以使用 gotoAndPlay 命令和 gotoAndStop 命令制作动画按钮。(   )

三、思考题

1. 如何使用脚本助手？
2. 如何打开 ActionScript 2.0 调试器？

第13章

用 ActionScript 组件快速创建动画

本章要点

📖 组件的基本操作
📖 常见组件的使用

本章主要内容

本章主要介绍了组件的基本操作的知识与技巧,同时还讲解了使用常见的组件方面的知识,在本章的最后还针对实际的工作需求,讲解了 Scrollpane 组件和 Label 组件的使用方法。通过本章的学习,读者可以掌握 ActionScript 组件快速创建动画方面的知识,为深入学习 Flash CS6 知识奠定良好的基础。

13.1　组件的基本操作

在 Flash CS6 中，组件是带有参数的影片剪辑，既可以是简单的界面控件，也可以包含不可见的内容，使用组件可以快速地构建具有一致外观和行为的应用程序。本节将详细介绍组件的基本操作知识。

13.1.1　组件概述与类型

组件可以提供创建者能想到的任何功能，每个组件都有预定义参数，可以在 Flash 中来设置这些参数，每个组件还有一组独特的动作脚本方法、属性和事件，也称为 API(应用程序编程接口)，可以在运行时设置参数和其他选项。

使用组件可以做到编码与设计的分离，而且还可以重复利用创建的组件中的代码，或者通过安装其他开发人员创建的组件来重复利用代码。

组件可分为四类：用户界面(UI)组件、媒体组件、数据组件和管理器组件。

使用 UI 组件，可以与应用程序进行交互操作，例如 RadioButton、CheckBox 和 TextInput 组件都是 UI 组件。利用媒体组件，可以将媒体流入到应用程序中，MediaPlayback 组件就是一个媒体组件。利用数据组件可以加载和处理数据源的信息，WebServiceConnector 和 XMLConnector 组件都是数据组件。管理器组件是不可见的组件，使用这些组件可以在应用程序中管理诸如焦点或深度之类的功能，如 FocusManager、DepthManager、PopUpManager 和 StyleManager 都是 Flash CS6 包含的管理器组件。

13.1.2　组件的预览与查看

在 Flash CS6 中使用组件有多种方法，可以使用【组件】面板来查看组件，也可以在创作过程中将组件添加到文档中，在将组件添加到文档中后，即可在【属性检查器】中查看组件属性。下面详细介绍组件的预览与查看的操作方法。

启动 Flash CS6 程序新建文档，在菜单栏中选择【窗口】→【组件】菜单项，弹出【组件】面板，从中即可预览与查看组件，如图 13-1 所示。

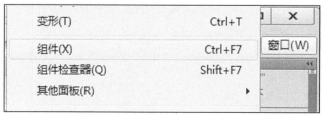

图 13-1

13.1.3　向 Flash 中添加组件

在【组件】面板中，将组件拖曳到舞台上时，就会将编译剪辑元件添加到【库】面板中。下面详细介绍向 Flash 中添加组件的操作方法。

在菜单栏中选择【窗口】→【组件】菜单项，打开【组件】面板，单击并拖动准备添加的组件至舞台中，即可完成向 Flash 中添加组件的操作，如图 13-2 所示。

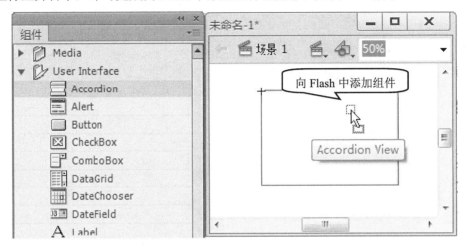

图 13-2

 知识精讲

如果添加到文档中的组件实例不够大而无法显示其标签，就会将标签文本剪切掉，如果组件实例比文本大，单击区域就会超出标签。此时可以使用【任意变形】工具或通过 setSize() 方法来调整组件实例的大小。如果使用动作脚本的 _width 和 _height 属性来调整组件的宽度和高度，也可以调整该组件的大小，且组件内容的布局依然保持不变。

13.2　常见组件的使用

常见的组件包括按钮组件 Button、复选框组件 CheckBox、单选按钮组件 RadioButton 和下拉列表组件 ComboBox、文本域组件 TextArea 等。本节将详细介绍如何使用常见的组件。

13.2.1　按钮组件 Button

Button 组件是一个可调整大小的矩形界面按钮，用户可以给按钮添加一个自定义图标，也可以将按钮的行为从按下改为切换。下面详细介绍按钮组件 Button 的操作方法。

第1步 启动 Flash CS6，打开【组件】面板，选择 User Interface→Button 选项，然后将其拖曳到舞台中，如图 13-3 所示。

第2步 在【属性】面板中，用户可以对其参数进行设置，如图 13-4 所示。

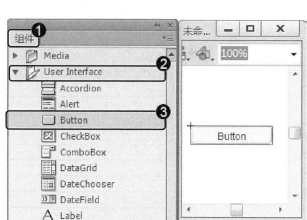

图 13-3　　　　　　　　　　　　　图 13-4

在【属性】面板中，用户可以对如下参数进行设置。

➢ label：设置按钮上文本的值，默认值是"Button"。

➢ icon：给按钮添加自定义图标，该值是库中影片剪辑或图形元件的链接标识符，没有默认值。

➢ labelPlacement：确定按钮上的标签文本相对于图标的方向。

➢ toggle：将按钮转变为切换开关，如果值为 true，则按钮在按下后保持按下状态，直到再次按下时才返回到弹起状态。如果值为 false，则按钮的行为就像一个普通按钮，默认值为 false。

➢ selected：如果切换参数的值是 true，则表示该参数指定是按下(true) 还是释放(false)按钮，默认值为 false。

13.2.2　单选按钮组件 RadioButton

使用 RadioButton 组件可以强制只能选择一组选项中的一项。RadioButton 组件必须用于至少有两个 RadioButton 实例的组。在任何时刻，只要有一个组成员被选中，选择组中的一个单选按钮将取消选中组内当前选定的单选按钮。

如果单击或按 Tab 键切换到 RadioButton 组件组会接收焦点，当 RadioButton 组有焦点时，可以使用如表 13-1 所示的按键来控制。

表 13-1　控制按键

按　键	描　述
向上箭头键/ 向右箭头键	所选项会移至单选按钮组内的前一个单选按钮
向下箭头键/ 向左箭头键	选择将移到单选按钮组的下一个单选按钮
Tab 键	将焦点从单选按钮组移动到下一个组件

下面详细介绍单选按钮组中 RadioButton 的操作方法。

第 1 步　在菜单栏中，选择【窗口】→【组件】菜单项打开【组件】面板，选择 User Interface→RadioButton 选项，并将其拖曳到舞台中，如图 13-5 所示。

第 2 步　在【属性】面板中，用户可以对其参数进行设置，如图 13-6 所示。

图 13-5　　　　　　　　　　　　　　　　　　　图 13-6

在【属性】面板中，用户可以为每个 RadioButton 组件设置如下参数。

➢ label：设置按钮上的文本值，默认值是"RadioButton"。

➢ data：是与单选按钮相关的值，没有默认值。

➢ groupName：是单选按钮的组名称，默认值为 RadioGroup。

➢ selected：将单选按钮的初始值设置为被选中(true)或取消选中(false)。被选中的单选按钮中会显示一个圆点。一个组内只有一个单选按钮可以有被选中的值 true。如果组内有多个单选按钮被设置为 true，则会选中最后实例化的单选按钮，默认值为 false。

➢ labelPlacement：确定按钮上标签文本的方向，该参数可以是下列四个值之一：left、right、top、bottom，默认值是 right。

13.2.3　复选框组件 CheckBox

复选框是一个可以选中或取消选中的方框，复选框被选中后，框中会出现一个复选标记，此时可以为复选框添加一个文本标签，并可以将它放在左侧、右侧、顶部或底部。

如果单击 CheckBox 实例或者用 Tab 按键切换到时，CheckBox 实例将接收焦点，当一个 CheckBox 实例有焦点时，可以使用表 13-2 所示按键来控制。

表 13-2　控制按键

按　键	描　述
Shift + Tab	将焦点移到前一个元素
空格键	选中或者取消选中组件并触发 click 事件
Tab 键	将焦点移到下一个元素

下面详细介绍复选框组件中 CheckBox 的操作方法

第 1 步　启动 Flash CS6，在菜单栏中选择【窗口】→【组件】菜单项，打开【组件】面板，选择 User Interface→CheckBox 菜单项，并将其拖曳到舞台中，如图 13-7 所示。

第 2 步　在【属性】面板中，用户可以对其参数进行设置，如图 13-8 所示。

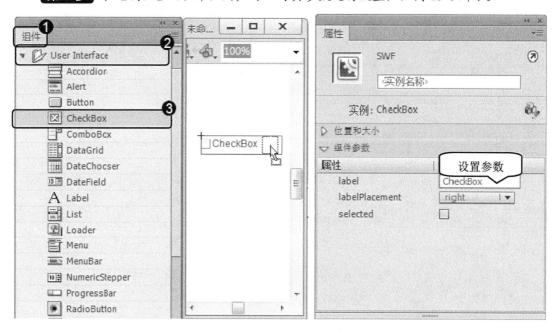

图 13-7　　　　　　　　　　　　　　图 13-8

在【属性】面板中，用户可以对如下参数进行设置。

➢　label：设置复选框上文本的值，默认值是 defaultValue。

➢　labelPlacement：确定复选框上标签文本的方向，该参数可以是下列四个值之一：left、right、top 或 bottom，默认值是 right。

➢　selected：将复选框的初始值设为选中(true)或取消选中(false)。

13.2.4　文本域组件 TextArea

TextArea 组件环绕着本机"动作脚本"TextField 对象，可以使用样式自定义 TextArea 组件。当实例被禁用时，其内容以"disabledColor"样式所代表的颜色显示。TextArea 组件也可以采用 HTML 格式，或者作为掩饰文本的密码字段。下面详细介绍使用文本域组件 TextArea 的操作方法。

第 1 步 启动 Flash CS6，在菜单栏中选择【窗口】→【组件】菜单项，打开【组件】面板，选择 User Interface→TextArea 菜单项，将其拖曳到舞台中，如图 13-9 所示。

第 2 步 在【属性】面板中，用户可以对其参数进行设置，如图 13-10 所示。

图 13-9　　　　　　　　　　　　　　　　　　图 13-10

下列是在属性检查器中为每个 TextArea 组件设置的创作参数。

➢ text：指明 TextArea 的内容。注意无法在属性检查器或组件检查器面板中输入回车。默认值为""(空字符串)。

➢ html：指明文本是(true)或是否(false)，采用 HTML 格式，默认值为 false。

➢ editable：指明 TextArea 组件是(true)或是否(false)，可编辑，默认值为 true。

➢ wordWrap：指明文本是(true)或是否(false)，自动换行，默认值为 true。

13.2.5　下拉列表组件 ComboBox

组合框可以是静态的，也可以是可编辑的，使用静态组合框，可以从下拉列表中做出一项选择。下面详细介绍下拉列表组件 ComboBox 方面的知识。

第1步 启动 Flsfh CS6，在菜单栏中选择【窗口】→【组件】菜单项，打开【组件】面板，选择 User Interface→ComboBox 菜单项，并将其拖曳到舞台中，如图 13-11 所示。

第2步 在【属性】面板中，用户可以对参数进行设置，如图 13-12 所示。

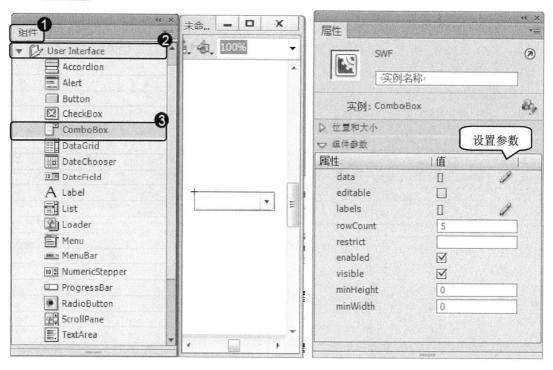

图 13-11   图 13-12

以下是在【属性】面板中为每个 ComboBox 组件设置的创作参数。

- ➢ editable：确定 ComboBox 组件是可编辑的(true)还是只能选择的(false)，默认值为 false。
- ➢ labels：用一个文本值数组填充 ComboBox 组件。
- ➢ data：将一个数据值与 ComboBox 组件中每个项目相联系，该数据参数是一个数组。
- ➢ rowCount：设置在不使用滚动条的情况下一次最多可以显示的项目数，默认值为 5。

13.3 实践案例与上机指导

通过本章的学习，读者基本可以掌握 ActionScript 组件快速创建动画方面的知识，下面通过练习操作，达到巩固学习和拓展提高的目的。

13.3.1 滚动窗格组件 ScrollPane

Scroll Pane 组件在一个可滚动区域中显示影片剪辑、JPEG 文件和 SWF 文件，可以让滚动条能够在一个有限的区域中显示图像，可以从本地位置或 Internet 加载内容。

如果单击或切换到 ScrollPane 实例，该实例将接收焦点，当 ScrollPane 实例具有焦点时，可以使用表 13-3 所示的按键来控制。

表 13-3　控制按键

按　键	描　述
向下箭头	内容向上移动一垂直滚动行
End 键	内容移动到滚动窗格的底部
向左箭头	内容向右移动一水平滚动行
Home 键	内容移动到滚动窗格的顶部
Page Down 键	内容向上移动一垂直滚动页
Page Up 键	内容向下移动一垂直滚动页
向右箭头	内容向左移动一水平滚动行
向上箭头	内容向下移动一垂直滚动行

下面详细介绍 ScrollPane 组件的操作方法。

第 1 步　启动 Flash CS6，打开【组件】面板，选择 User Interface→Scrollpane 菜单项，并将其拖曳到舞台中，如图 13-13 所示。

第 2 步　在【属性】面板中，用户可以对参数进行设置，如图 13-14 所示。

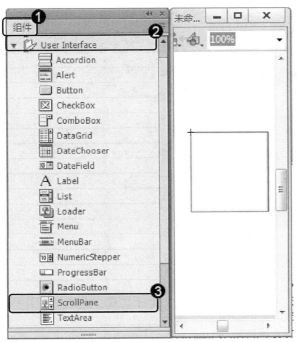

图 13-13

图 13-14

下面是在【属性】面板中为每个 ScrollPane 组件实例设置的创作参数。

➤ contentPath：指明要加载到滚动窗格中的内容。该值可以是本地 SWF 或 JPEG 文件的相对路径，或 Internet 上的文件的相对或绝对路径，也可以是设置为"为动作脚本导出"的库中的影片剪辑元件的链接标识符。

➤ hLineScrollSize：指明每次按下箭头按钮时水平滚动条移动多少个单位，默认值为 5。

➤ hPageScrollSize：指明每次按下轨道时水平滚动条移动多少个单位，默认值为 20。

➤ hScrollPolicy：显示水平滚动条，该值可以为"on"、"off"或"auto"，默认值为"auto"。

➤ scrollDrag：是一个布尔值，用于设置允许(true)或不允许(false)在滚动窗格中滚动内容，默认值为 false。

➤ vLineScrollSize：指明每次按下箭头按钮时垂直滚动条移动多少个单位，默认值为 5。

➤ vPageScrollSize：指明每次按下轨道时垂直滚动条移动多少个单位，默认值为 20。

➤ vScrollPolicy：显示垂直滚动条，该值可以为"on"、"off"或"auto"，默认值为"auto"。

13.3.2 标签组件 Label

一个标签组件 Label 就是一行文本，可以指定一个标签采用 HTML 格式，也可以控制标签的对齐和大小。Label 组件没有边框，不能具有焦点，并且不广播任何事件。

每个 Label 实例的实时预览反映了创作时在属性检查器中对参数所做的更改。标签没有边框，因此，查看实时预览的唯一方法就是设置其文本参数。如果文本太长，并且选择设置 autoSize 参数，那么实时预览将不支持 autoSize 参数，而且不能调整标签边框大小。下面详细介绍使用 Label 组件的操作方法。

第 1 步 启动 Flash CS6，在菜单栏中选择【窗口】→【组件】菜单项，打开【组件】面板，选择 User Interface→Label 菜单项，并将其拖曳到舞台中，如图 13-15 所示。

图 13-15

第 2 步 在【属性】面板中，用户可以对参数进行设置，如图 13-16 所示。

图 13-16

以下是在【属性】面板为每个 Label 组件设置的创作参数。

➢ autoSize：指明标签的大小和对齐方式应如何适应文本，默认值为 none。

➢ html：指明标签是(true)或是否(false)，采用 HTML 格式，如果将 html 参数设置为 true，就不能用样式来设定 Label 的格式，默认值为 false。

➢ text：指明标签的文本，默认值是 Label。

13.4　思考与练习

一、填空题

1. 在 Flash CS6 中，_____是带有参数的影片剪辑，既可以是简单的_____，也可以包含不可见的内容，使用_____可以快速地构建具有一致外观和行为的_____。

2. 组件可分为四类：_____、媒体组件、_____和_____。

3. _____是一个可以选中或取消选中的复选框，复选框被选中后，框中会出现一个_____，此时可以为复选框添加一个_____，并可以将它放在左侧、_____、顶部或底部。

4. 使用 UI 组件，可以与应用程序进行交互操作，例如，_____、_____和_____都是 UI 组件。

5. 利用数据组件可以_____和_____的信息，_____和 XMLConnector 组件都是数据组件。

二、判断题

1. 在【组件】面板中，将组件拖曳到场景中时，就可以将编译剪辑元件添加到【库】面板中。　　　　　　　　　　　　　　　　　　　　（　　）

2. Button 组件是一个可调整大小的矩形界面按钮，用户可以给按钮添加一个自定义图标，也可以将按钮的行为从按下改为切换。　　　　　　　　　　（　　）

3. 使用 RadioButton 组件可以强制只能选择一组选项中的一项，RadioButton 组件必须用于至少有三个 RadioButton 实例的组。　　　　　　　　　　　　（　　）

4. TextArea 组件可以采用 HTML 格式，或者作为掩饰文本的密码字段。　（　　）

5. 组合框可以是静态的，也可以是可编辑的，使用静态组合框，可以从下拉列表中做出一项选择。　　　　　　　　　　　　　　　　　　　　　　（　　）

三、思考题

1. 如何进行组件的预览与查看？
2. 如何向 Flash 中添加组件？

第14章

Flash 动画的测试与发布

本章主要内容

本章主要介绍了优化 Flash 影片，Flash 动画的测试、Flash 动画的发布和 Flash 动画的导出方面的知识，在本章的最后还针对实际的工作需求，讲解了输出 AVI 视频和输出 GIF 动画的方法。通过本章的学习，读者可以掌握 Flash 动画的测试与发布方面的知识，为深入学习 Flash CS6 知识奠定良好的基础。

14.1 优化 Flash 影片

在 Flash CS6 中，优化影片可以优化影片的质量，一般 Flash 作品在制作过程中或者完成以后都需要进行优化。本节将详细介绍优化 Flash 影片方面的知识。

14.1.1 优化图像文件

在 Flash CS6 中，用户可以对图像文件进行优化，从而得到更清晰的画面。下面详细介绍图像文件优化的操作方法。

第 1 步 启动 Flash CS6，在库中导入一张图像文件，打开【库】面板，右击导入的图像文件，在弹出的快捷菜单中选择【属性】菜单项，如图 14-1 所示。

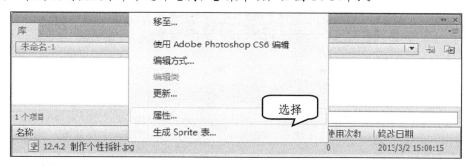

图 14-1

第 2 步 弹出【位图属性】对话框，在其中可以对参数进行设置，从而对图像文件进行优化，如图 14-2 所示。

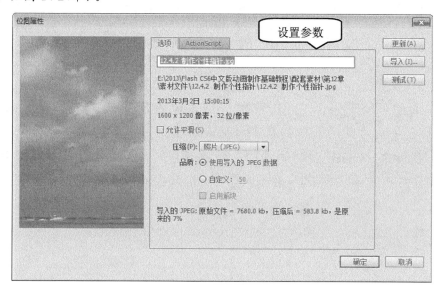

图 14-2

在【位图属性】对话框中，用户可以对其中的参数进行如下设置。

➢ 　【允许平滑】：选中该复选框，用户可以决定是否柔化图像。

➢ 　【压缩】：在【压缩】下列列表框中包括【照片(JPGE)】和【无损(PN/GIF)】选项，用于设置在输出时图像的压缩率。该选项是优化图像的重点，通过设置图像的压缩率，可以减少图像文件的占用空间。

➢ 　【更新】：单击该按钮可以更新图片源。

➢ 　【导入】：单击该按钮，弹出【导入位图】对话框，从中可以导入一张新的图片代替此图。

14.1.2　优化矢量图形

矢量图是用包含颜色位置属性的直线或曲线公式来描述图像的，因此矢量图可以任意放大而不变形，大小与图形的尺寸无关，但与图形的复杂程度有关。下面详细介绍矢量图形优化的操作方法。

第 1 步　启动 Flash CS6，选中矢量图形，在菜单栏中依次选择【修改】→【形状】→【优化】菜单项，如图 14-3 所示。

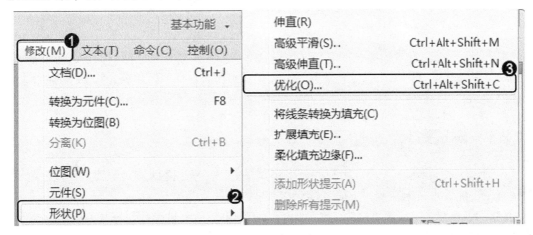

图 14-3

第 2 步　弹出【优化曲线】对话框，①在【优化强度】文本框中输入优化的数值；②单击【确定】按钮，如图 14-4 所示。

图 14-4

第3步 通过以上步骤即可完成优化矢量图形的操作，如图 14-5 所示。

图 14-5

14.2 Flash 动画的测试

对 Flash 动画文件进行测试和发布，可以确保作品能流畅并按照期望的情况进行播放，这样才可以使作品在网络中播放得流畅自如，提高点击率。本节将详细介绍 Flash 动画测试方面的知识。

14.2.1 测试影片

在制作完成 Flash 影片后，用户就可以将其导出，在导出之前应对动画文件进行测试，以检查是否能够正常地播放。下面详细介绍测试影片的操作方法。

启动 Flash CS6，在菜单栏中，依次选择【控制】→【测试影片】→【测试】菜单项，如图 14-6 所示，即可测试当前准备查看的影片的最终播放效果。

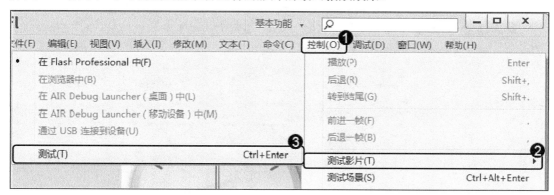

图 14-6

智慧锦囊

　　在 Flash CS6 中，在键盘上按下快捷键 Ctrl+Enter，同样可以测试影片，看到最终的播放效果。

14.2.2　测试影片的下载性能

　　影片在下载的过程中，如果下载的数据未下载完成影片将暂停，直至数据到达为止。测试影片下载性能可以发现在下载过程中可能导致中断的地方。下面详细介绍测试影片下载性能的操作方法。

　　第1步　启动 Flash CS6 打开准备测试的影片，在菜单栏中依次选择【控制】→【测试影片】→【测试】菜单项，如图 14-7 所示，Flash 会在新窗口中打开并播放 SWF 文件。

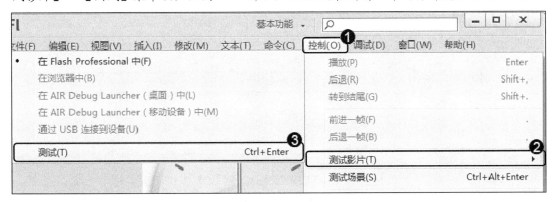

图 14-7

　　第2步　弹出测试影片的对话框，在菜单栏中依次选择【视图】→【下载设置】→56K(4.7KB/s)菜单项，如图 14-8 所示，即可设置测试影片的下载性能。

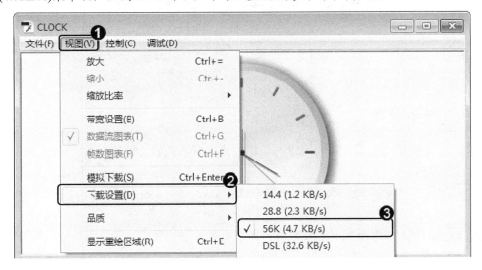

图 14-8

14.2.3 测试场景

使用调试器可以测试影片中的动作，如果想对具体的交互功能和动画进行预览，也可选择【测试场景】菜单项。下面详细介绍测试场景的操作方法。

启动 Flash CS6，在菜单栏中依次选择【控制】→【测试场景】菜单项，如图 14-9 所示，即可测试当前准备查看的场景的播放效果。

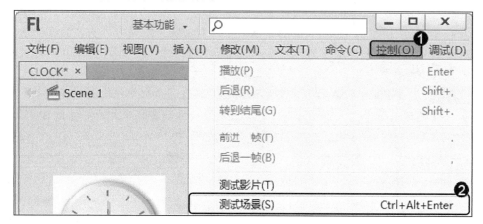

图 14-9

智慧锦囊

　　Flash 将创建一个 Flash 影片(.SWF 文件)，然后在单独的窗口中打开它，并用 Flash Player 播放，测试生成的.SWF 文件与源文件.FLA 文件在同一文件夹中。

14.3　Flash 动画的发布

测试影片的过程中，在没有问题的前提下，用户可以按照要求发布 Flash 动画，以便推广和传播动画。本节将详细介绍发布 Flash 动画方面的知识。

14.3.1　发布设置

在发布 Flash 动画之前，用户可以对发布的内容进行设置，以达到适合的效果。下面介绍发布设置方面的知识。

第1步 测试动画文件后，在菜单栏中选择【文件】→【发布设置】菜单项，如图 14-10 所示。

第2步 弹出【发布设置】对话框，在当前对话框中用户可以对动画的发布格式进行设置，如图 14-11 所示。

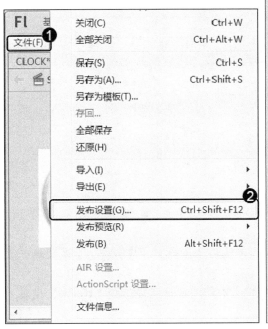

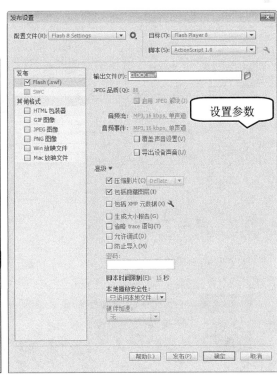

设置参数

图 14-10　　　　　　　　　　　　图 14-11

在【发布设置】对话框中，选中【HTML 包装器】复选框，用户可以对以下参数进行设置。

> 【模板】：生成 HTML 文件时所用的模板。
> 【大小】：定义 HTML 文件中 Flash 动画的大小单位。
> 【播放】：在其中包括【开始时暂停】、【显示菜单】、【循环】和【设置字体】选项。
> 【品质】：可以选择动画的图像质量。
> 【窗口模式】：可以选择影片的窗口模式。
> 【显示警告消息】：选择该复选框后，如果影片出现错误，会弹出警告消息。
> 【HTML 对齐】：用于确定影片在浏览器窗口中的位置。
> 【缩放】：可以设置动画的缩放大小。
> 【Flash 水平对齐】：可以设置动画在页面中的水平排列位置。
> 【Flash 垂直对齐】：可以设置动画在页面中的垂直排列位置。

14.3.2　发布预览

在 Flash CS6 中，使用【发布预览】命令，用户可以导出从其子菜单中选择的类型文件，并在默认浏览器中打开，如果预览的是"QuickTime"影片，则【发布预览】命令将启动 QuickTime 影片播放器。

要用发布功能预览文件，只需要在【发布设置】对话框中定义导出选项后，选择【文件】→【发布预览】菜单项，并从子菜单中选择所需要预览的格式选项，如图 14-12 所示，

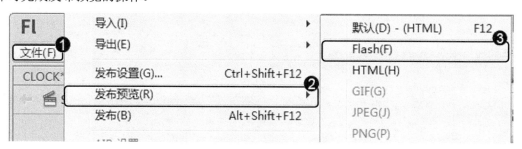
即可完成发布预览的操作。

图 14-12

14.3.3 发布 Flash 动画

在【发布预览】完成后就可以发布 Flash 动画了，下面详细介绍发布 Flash 动画的操作方法。

第1步 打开完成的 Flash 动画，在菜单栏中选择【文件】→【另存为】菜单项，如图 14-13 所示，将动画保持到指定位置。

第2步 在菜单栏中选择【文件】→【发布设置】菜单项，如图 14-14 所示，设置发布格式。

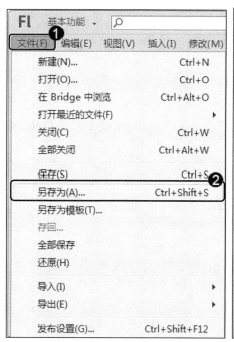

图 14-13

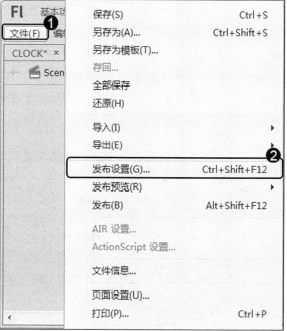

图 14-14

第3步 在【发布设置】对话框中，①选中【HTML 包装器】复选框；②设置发布的参数；③单击【发布】按钮，如图 14-15 所示。

第4步 这时，保存的 HTML 文件将在文件夹中生成，双击生成的 HTML 文件，即可查看发布的 Flash 影片，如图 14-16 所示。

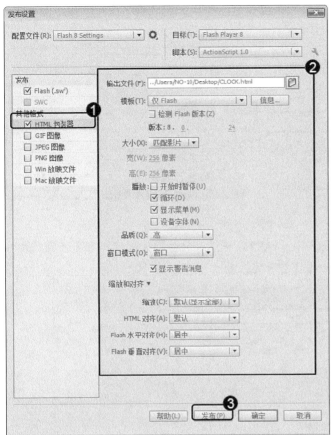

图 14-15

图 14-16

智慧锦囊

在 Flash CS6 中，在键盘上按下快捷键 Ctrl+Shift+F12，同样可以进行发布设置的操作。

14.4　Flash 动画的导出

使用导出功能，可以将制作的 Flash 动画导出，在导出时，可以根据需要设置导出的对应格式。本节将详细介绍导出 Flash 动画方面的知识。

14.4.1　导出图像文件

在制作动画的时候，有时需要将动画中的某个图像储存为图像格式，方便以后使用。下面详细介绍导出图像文件的操作方法。

第1步 在舞台中，选中准备导出的图形对象，在菜单栏中选择【文件】→【导出】
→【导出图像】菜单项，如图 14-17 所示。

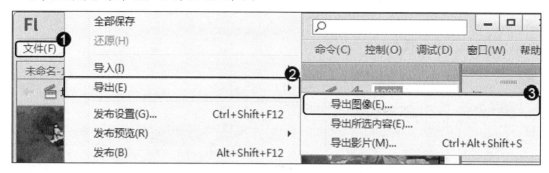

图 14-17

第2步 弹出【导出图像】对话框，①选择文件保存的位置；②选择准备保存的文件
类型；③单击【保存】按钮。通过以上方法即可完成导出图像文件的操作，如图 14-18 所示。

图 14-18

14.4.2 导出影片文件

在 Flash CS6 中，用户还可以根据需要导出文档中的影片文件。下面介绍导出影片文件
的操作方法。

第1步 在舞台中，选中准备导出的影片，在菜单栏中选择【文件】→【导出】→【导
出影片】菜单项，如图 14-19 所示。

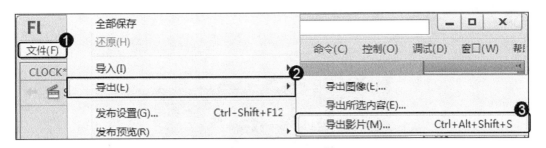

图 14-19

第 2 步 弹出【导出影片】对话框，①在【文件名】文本框中输入文件名称；②在【保存类型】下拉列表框中，选择准备保存的类型；③单击【保存】按钮，即可完成导出影片文件的操作，如图 14-20 所示。

图 14-20

14.5 实践案例与上机指导

通过本章的学习，读者基本可以掌握 Flash 动画测试与发布方面的操作，下面通过练习操作，达到巩固学习和拓展提高的目的。

14.5.1 输出 AVI 视频

可以从 Flash 动画中导出 swf、gif 和 avi 等视频文件作为素材供其他程序使用。下面详细介绍输出 AVI 视频的操作方法。

第1步 在舞台中，选中准备导出的视频文件，如图 14-21 所示。

图 14-21

第2步 在菜单栏中，依次选择【文件】→【导出】→【导出影片】菜单项，如图 14-22 所示。

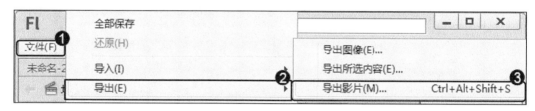

图 14-22

第3步 弹出【导出影片】对话框，①在【文件名】文本框中，输入文件名称；②在【保存类型】下拉列表框中，选择 Windows AVI(*.avi)选项；③单击【保存】按钮，如图 14-23 所示。通过以上方法即可完成输出 AVI 视频的操作。

图 14-23

14.5.2　输出 GIF 动画

在输出 Flash 动画时，用户可以根据需要输出 GIF 动画。下面详细介绍输出 GIF 动画的操作方法。

第 1 步　在舞台中，选中准备导出的视频文件，如图 14-24 所示。

图 14-24

第 2 步　在菜单栏中，选择【文件】→【导出】→【导出影片】菜单项，如图 14-25 所示。

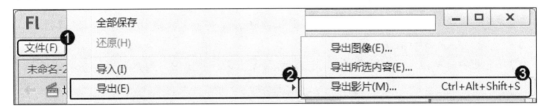

图 14-25

第 3 步　弹出【导出影片】对话框，①在【文件名】文本框中，输入文件名称；②在【保存类型】下拉列表框中，选择【GIF 动画(*.gif)】选项；③单击【保存】按钮，如图 14-26 所示。通过以上方法即可完成输出 GIF 动画的操作。

图 14-26

14.6　思考与练习

一、填空题

1. ＿＿＿＿＿是用包含颜色位置属性的直线或曲线公式来描述图像的，因此＿＿＿＿＿可以任意放大而不变形，大小与图形的＿＿＿＿＿无关，但与图形的＿＿＿＿＿有关。

2. 对 Flash 动画文件进行＿＿＿＿＿和＿＿＿＿＿，可以确保作品能流畅并按照期望的情况进行＿＿＿＿＿，这样才可以使作品在网络中播放得流畅自如。

3. 在 Flash CS6 中，使用＿＿＿＿＿命令，用户可以导出从其子菜单中选择的类型文件，并在默认浏览器中打开，如果预览的是"＿＿＿＿＿"影片，则【发布预览】命令将启动 QuickTime 影片＿＿＿＿＿。

二、判断题

1. 在 Flash CS6 中，优化影片可以优化影片的质量，一般 Flash 作品在制作过程中或者完成以后都需要进行优化操作。　　　　　　　　　　　　　　　　　　（　　）

2. 在制作完 Flash 影片后，用户就可以将其导出，在导出之前应对动画文件进行测试，以检查是否能够正常的播放。　　　　　　　　　　　　　　　　　　　　（　　）

3. 使用导出功能，可以将制作的 Flash 动画导出，在导出时，用户不可以根据所需设置导出的对应格式。　　　　　　　　　　　　　　　　　　　　　　　　（　　）

三、思考题

1. 如何测试影片？
2. 如何发布预览？

思考与练习答案

第1章

一、填空题

1. 声音 位图图像 交互式
2. 网页广告 多媒体教学软件 产品展示
3. 组织 控制 左右 时间线控制区
4. 属性 隐藏面板 保存

二、判断题

1. √
2. √
3. ×
4. ×

三、思考题

1. 为了使用方便，Flash CS6 将一些常用命令以按钮的形式组织在一起，置于操作界面上方的主工具栏中，这些按钮依次为【新建】按钮、【打开】按钮、【转到 Bridge】按钮 、【保存】按钮、【打印】按钮、【剪切】按钮、【复制】按钮、【粘贴】按钮、【撤销】按钮、【重做】按钮、【贴紧至对象】按钮、【平滑】按钮、【伸直】按钮、【旋转与倾斜】按钮、【缩放】按钮，以及【对齐】按钮。

2. 编辑动画后，在菜单栏中选择【文件】菜单项，在弹出的下拉菜单中，选择【保存】菜单项。

弹出【保存为】对话框，在【保存在】区域中，选择准备保存的位置，在【文件名】文本框中，输入文件名称，单击【保存】按钮，即可完成保存文件的操作。

第2章

一、填空题

1. 位图 失真 像素 颜色信息 越高
2. 绘制 修改 填充颜色 视图
3. 铅笔工具 多角星形工具 喷涂刷工具
4. 两个 放大操作按钮 缩小操作按钮

二、判断题

1. ×
2. ×
3. √
4. √

三、思考题

1. 启动 Flash CS6，在工具栏中选择【钢笔工具】按钮，将鼠标放置在舞台上想要绘制曲线的起始位置，然后单击鼠标并按住不放绘制出一条直线段，将鼠标向其他方向拖曳，直线转换为曲线，释放鼠标，即可绘制一条曲线。

2. 启动 Flash CS6，在工具栏中，选择【刷子工具】按钮，在舞台中，单击并拖动鼠标左键到合适的大小后，释放鼠标左键，通过以上方法即可完成创建刷子图形的操作。

第3章

一、填空题

1. 静态文本 动态文本 输入文本
2. 消除文本锯齿 设置文字属性 设置段落格式 引用外部文字

3. 左对齐 右对齐 两端对齐

二、判断题

1. √
2. ×
3. ×
4. √

三、思考题

1. 新建文档,在工具箱中选择【文本】工具,在【属性】面板中,选择【输入文本】选项,设置【大小】的数值为 36。

在场景中,在准备输入文字的地方单击,出现光标后在其中输入文字,通过以上方法即可完成创建输入文本的操作。

2. 启动 Flash CS6,创建文本,在【属性】面板中,展开【选项】下拉选项卡,在【链接】文本框中,输入准备添加超链接的网址。

文本下方出现下划线,这样即可完成设置超链接的操作。

第 4 章

一、填空题

1. 选择工具 部分选取工具 套索工具
2. 【手形】工具 【缩放】工具
3. 扭曲 旋转 缩放
4. 联合 交集 裁切

二、判断题

1. ×
2. √
3. ×
4. √

三、思考题

1. 选中需要进行扭曲的对象,在菜单栏中,选择【修改】菜单项,在弹出的下拉菜单中,选择【变形】菜单项,在弹出的下

拉菜单中,选择【扭曲】菜单项。

对象周围出现变形框,将鼠标指针放置在控制点上,当鼠标指针变形时,单击并拖动变形框上的变形点至指定位置,这样即可移动该点完成扭曲对象的操作。

2. 在场景中,绘制并选中两个准备裁切的图形对象,此时两个对象应相交在一起。

选择对象后,在菜单栏中,选择【修改】菜单项,在弹出的下拉菜单中,选择【合并对象】菜单项,在弹出的下拉菜单中,选择【裁切】菜单项,即可完成裁切对象的操作。

第 5 章

一、填空题

1. 元件和实例 动画效果 元件 实例
2. 实例 多个实例 相同的 各种对象
3. 元件 独立于动画 当前 Flash 文档插图元素
4. 【图形】 【视频】 3 4

二、判断题

1. √
2. ×
3. √
4. ×

三、思考题

1. 在舞台中,选择准备分离的实例后,在菜单栏中,选择【修改】菜单项,在弹出的下拉菜单中,选择【分离】菜单项。

将实例分离为图形,即填充色和线条的组合,即可对分离的实例进行设置填充颜色,改变图形填充色的操作。

2. 在【库】面板中,单击右上角的【库面板菜单】按钮,在弹出的快捷菜单中,选择【新建元件】菜单项,即可创建库元素。

第 6 章

一、填空题

1. GIF JPG WMF DXF EMF PNG
2. MP3 AIFF WAV

二、判断题

1. √
2. ×

三、思考题

1. 新建文档，在菜单栏中，选择【文件】菜单项，在弹出的下拉菜单中，选择【导入】菜单项，在弹出的下拉菜单中，选择【导入到舞台】菜单项。

在【导入】对话框中，选择准备导入的图片，单击【打开】按钮。

此时在舞台中显示导入的位图图像，通过以上步骤即可完成在舞台中导入位图图像的操作。

2. 在【库】面板中，右击编辑的位图图像，在弹出的快捷菜单中，选择【编辑方式】菜单项。

弹出【选择外部编辑器】对话框，在对话框中，选择准备使用的编辑软件，即可进入该软件进行相应的编辑，编辑完成后，保存图像并关闭软件，即可完成位图的编辑。

第 7 章

一、填空题

1. 时间轴和帧 动画顺序 控制命令
2. 关键帧 空白关键帧 普通帧

二、判断题

1. ×
2. √
3. √

三、思考题

1. 首先要选中准备清除的帧，单击鼠标右键，在弹出的快捷菜单中选择【清除帧】菜单项，即可进行清除帧的操作。

2. 要插入帧，应该先选中准备插入帧的位置，然后在菜单栏中，选择【插入】菜单项，在弹出的下拉菜单中，选择【时间轴】菜单项，在弹出的下拉菜单中，选择相应的菜单项，即可完成插入各种类型帧的操作。

第 8 章

一、填空题

1. 管理 Flash 滤镜 增加 改变滤镜参数
2. 文本 影片剪辑 按钮
3. 凸出于 强度 加亮 距离 类型

二、判断题

1. √
2. ×
3. √

三、思考题

1. 选择创建的文本对象，在【滤镜】区域中，单击底部的【添加滤镜】按钮，在弹出的快捷菜单中，选择【斜角】菜单项。

在【属性】面板中，用户可以设置斜角的参数。

2. 在舞台上，选择准备应用滤镜的文本对象，在【属性】面板底部，单击【添加滤镜】按钮，在弹出的下拉菜单中，选择一个滤镜选项，如"投影"。

通过以上操作方法即可完成添加滤镜的操作。

第 9 章

一、填空题

1. 普通层 引导层 遮罩层

2. 新建图层 改变图层的顺序 解锁图层

3. 绘制路径的图层 普通引导层 运动引导层

4. 字体 形状 实例 被遮罩

二、判断题

1. ×

2. √

3. √

4. ×

三、思考题

1. 在【时间轴】面板中，选中准备删除的图层，单击面板底部的【删除】按钮，即可完成删除图层的操作。

2. 选中准备转换为引导层的图层并右键单击，在弹出的快捷菜单中，选择【引导层】菜单项，这样即可将图层转换为普通引导层。

第 10 章

一、填空题

1. 反向运动 父子关系 骨骼

2.【父级】【子级】

二、判断题

1. ×

2. √

3. √

三、思考题

1. 如果想要选择单个骨骼，可以在工具栏中，使用【选择】工具单击该骨骼。

2. 如果要重新定位骨架的某个分支，可以拖动该分支中的任何骨骼，该分支中的所有骨骼都将移动，骨架其他分支中的骨骼不会移动。

第 11 章

一、填空题

1. 变量声明 常量 大小写

2. 点语法 括号 注释

3. Boolean int Null Number String void

二、判断题

1. √

2. ×

三、思考题

1. 选中要添加代码的按钮元件，在菜单栏中，选择【窗口】→【动作】菜单项，打开【动作】面板，在【动作编辑区】中输入 ActionScript 代码即可，在设置按钮的动作时，必须要明确鼠标事件的类型，在【动作】面板中，输入 on 时，显示相关的鼠标事件。

2. Boolean 是两位逻辑数据类型，Boolean 数据类型只包含两个值：true 和 false，其他任何值均无效，在 ActionScript 语句中，也会在适当的时候将值 true 和 false 转换为 1 和 0，一般情况下和运算符一起使用。

第 12 章

一、填空题

1.【动作】面板 帧 脚本

2. 语法 逻辑错误 函数

3.【控制】【对象列表】选项 变量信息

二、判断题

1. ×
2. ×
3. √

三、思考题

1. 打开【动作】面板，单击【脚本助手】按钮，即可使用脚本助手。

2. 在菜单栏中，选择【调试】→【调试影片】→【调试】菜单项，即可打开 ActionScript 2.0 调试器。

第 13 章

一、填空题

1. 组件 界面控件 组件 应用程序
2. 用户界面 (UI) 组件 数据组件 管理器组件
3. 复选框 复选标记 文本标签 右侧
4. RadioButton CheckBox TextInput 组件
5. 加载 处理数据源 WebServiceConnector

二、判断题

1. ×
2. √
3. ×
4. √
5. √

三、思考题

1. 新建文档，在菜单栏中，选择【窗口】→【组件】菜单项，即可弹出【组件】面板，进行预览与查看。

2. 在菜单栏中，选择【窗口】→【组件】菜单项，打开【组件】面板，单击并拖动准备添加的组件至舞台中，即可完成向 Flash 中添加组件的操作。

第 14 章

一、填空题

1. 矢量图 矢量图 尺寸 复杂程度
2. 测试 发布 播放
3. 【发布预览】 QuickTime 播放器

二、判断题

1. √
2. √
3. ×

三、思考题

1. 启动 Flash CS6，在菜单栏中，选择【控制】→【测试影片】→【测试】菜单项，即可测试当前准备查看的影片，查看到最终播放效果。

2. 要用发布功能预览文件，只需要在"发布设置"对话框中，定义导出选项后，选择【文件】→【发布预览】菜单项，并从子菜单中选择所需要预览的格式选项，即可完成发布预览的操作。